My Baby Story

- 먼저 포토북 안에서 필요한 그림을 확인하고 CD안의 데이터를 찾아 열거나 불러오기를 합니다.
- CD안의 폴더 이름은 각 페이지를 뜻합니다. (예 : 15페이지의 그림은 폴더 015번)
- 폴더안에는 각 그림이 따로 저장되어 있으며 크기나 색상조절도 가능합니다.
- 각 그림은 JPG파일 형태로서 한글2002,포토샵,일러스트 프로그램에서 사용하실 수 있습니다.
- 기타 문의점은 저희 가꿈교육미디어 디자인실로 상담하시면 친절히 안내 해드겠습니다.

www.kakkum-media.com 02.712.2535

우리아기 이야기는 임신에서 출산을 거쳐 첫 돌이 되기까지 아기의 소중한 모습을 담아두는 육아포토북입니다. 처음 존재를 알린 순간부터 시작되는 아기의 모든 기록을 사진과 메모로 남길 수 있으며, 포토북 속의 모든 디자인 팁은 직접 육아 까페나 블로그를 만드는 부모님들이 간편하게 사용할 수 있도록 CD에 담아 파일로 제공됩니다. 보다 편리하고 예쁜 포토북 데이터를 활용하여 개성있고 감각이 넘치는 나만의 육아블로그를 꾸며보세요!

우리아기 이야기가 제공하는 모든 디자인 데이터는 상업성이 없는 개인 블로거들을 위하여 제공된 것으로 모든 저작권은 가꿈교육미디어에 있으며 상업적인 목적으로 무단 복제하거나 사용.인용하는 것을 금합니다. 이는 저작권법에 저촉되며, 본 이미지를 도용하여 광고/포장/판매 등을 목적으로 상품을 제작/유통하는 경우에는 법적인 불이익을 받으실 수 있습니다.

우리아기 .... 이야기

소중한 우리아기 .... 에게

엄마,아빠에게 새로운 희망이 싹튼 날~

년   월   일

바로 너의 존재를 알게된 날이란다.

기쁨과 감사,
너의 존재를 느끼며...

아기가 생겼다는 사실을 처음 알았을 무렵
아빠와 엄마의 모습이 담긴 사진을 붙이고,
부모가 된다는 설레임을 담아
이제 막 찾아 온 '우리 아기'에게 주는
첫 메세지를 적어주세요.

년   월   일

에서 찍은 엄마 아빠의 모습

제일 처음 아빠는...♫

♥ 제일 처음 엄마는...

아기가 생긴 후 주변 가족과 친지들이 전해온
축하와 격려의 메세지를 적어주세요.

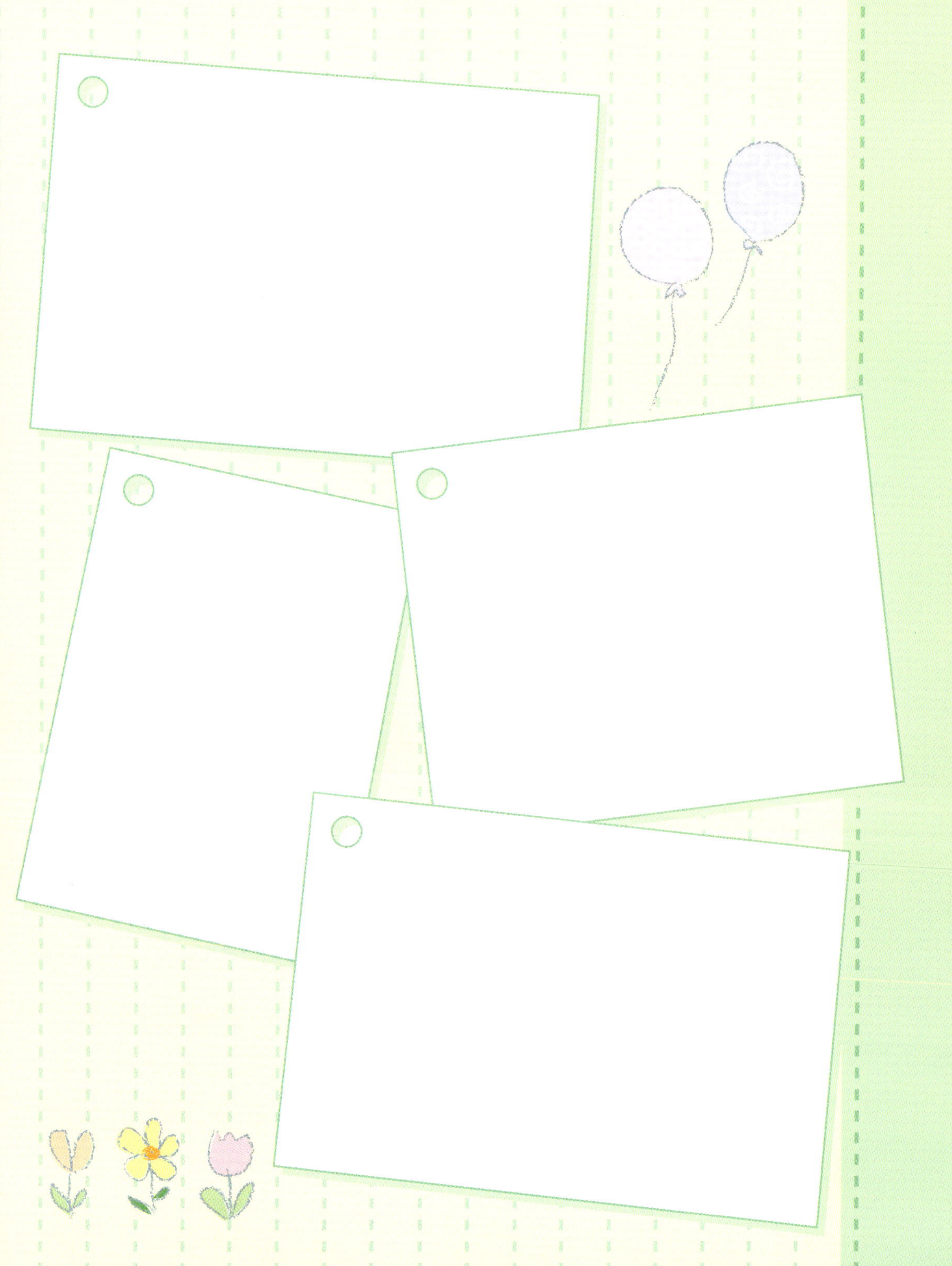

우리 아기와의 만남의 시작 태몽,
그리고
사랑을 담아 지은 태명 이야기

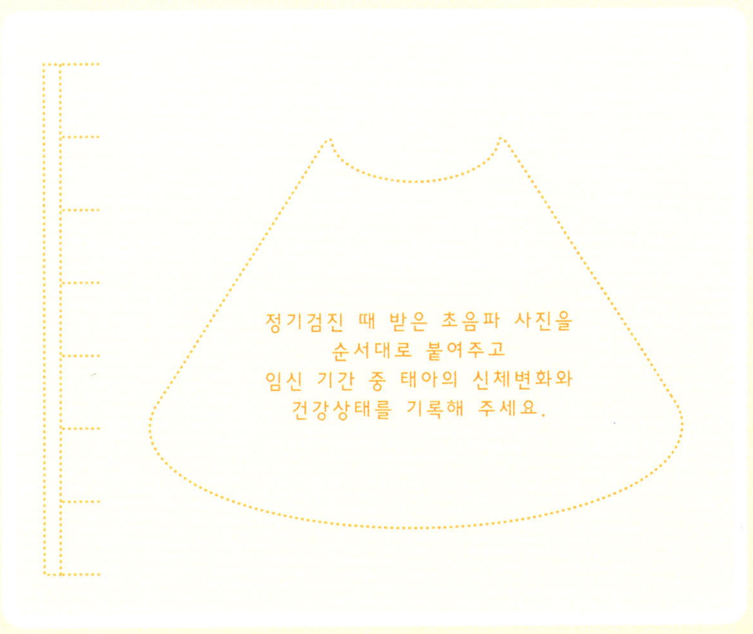

날 짜 :　　　년　　월　　일 (임신　　주)

병 원 :

신 장 :　　　　　cm

체 중 :　　　　　g

머리둘레 :　　　　　cm

심장박동 :

진찰기록 및 MEMO

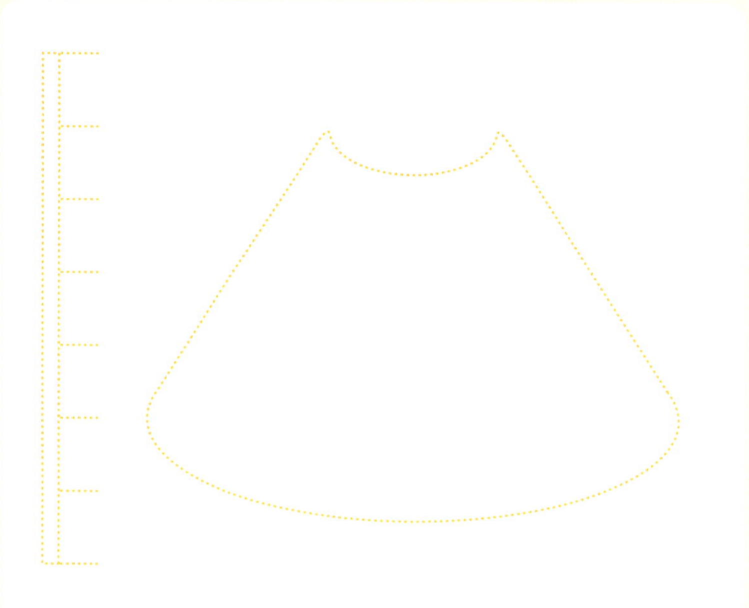

날 짜 :　　　　년　월　일 (임신　　주)

병 원 :

신 장 :　　　　　　cm

체 중 :　　　　　　g

머리둘레 :　　　　　cm

심장박동 :

진찰기록 및 MEMO

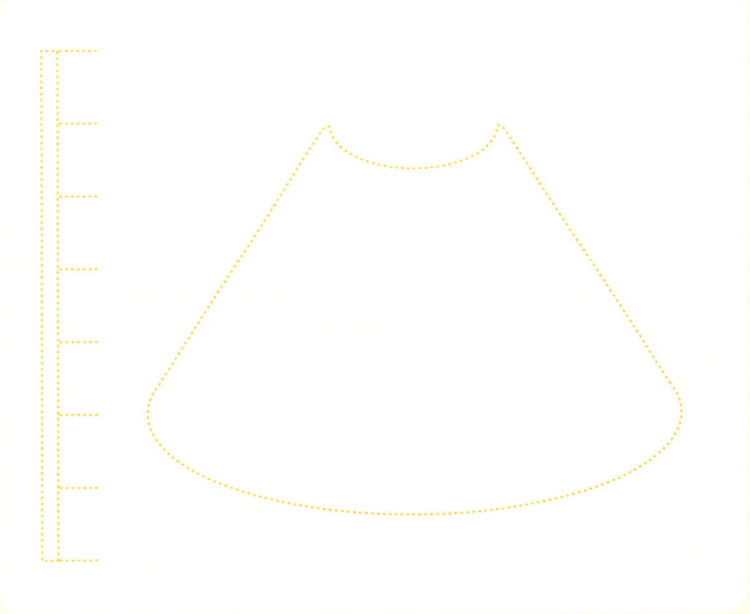

날 짜 :   년   월   일(임신   주)

병 원 :

신 장 :   cm

체 중 :   g

머리둘레 :   cm

심장박동 :

진찰기록 및 MEMO

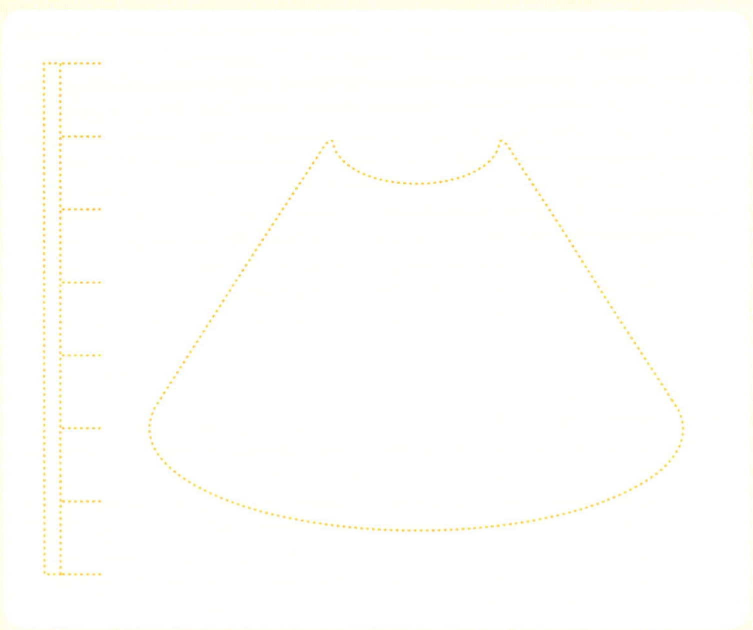

날 짜 :   년 월 일 (임신   주)

병 원 :

신 장 :   cm

체 중 :   g

머리둘레 :   cm

심장박동 :

진찰기록 및 MEMO

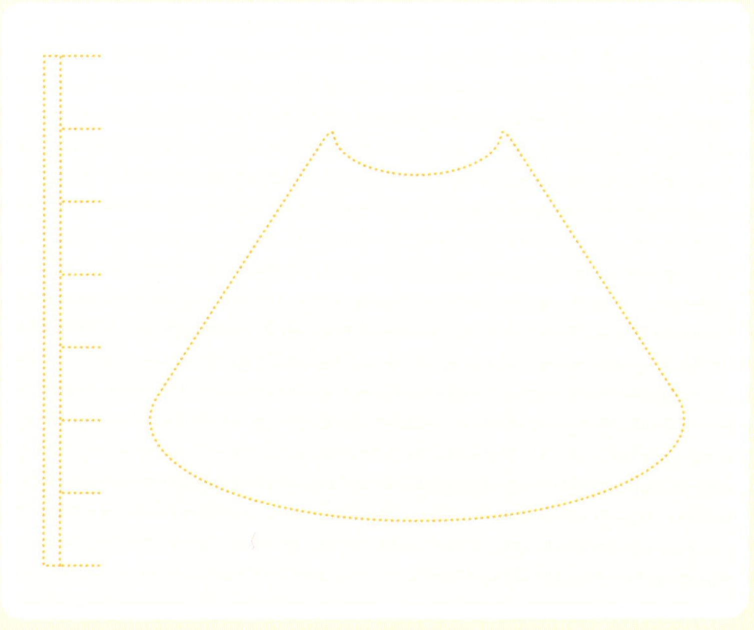

날 짜 :   년   월   일 (임신   주)

병 원 :

신 장 :   cm

체 중 :   g

머리둘레 :   cm

심장박동 :

진찰기록 및 MEMO

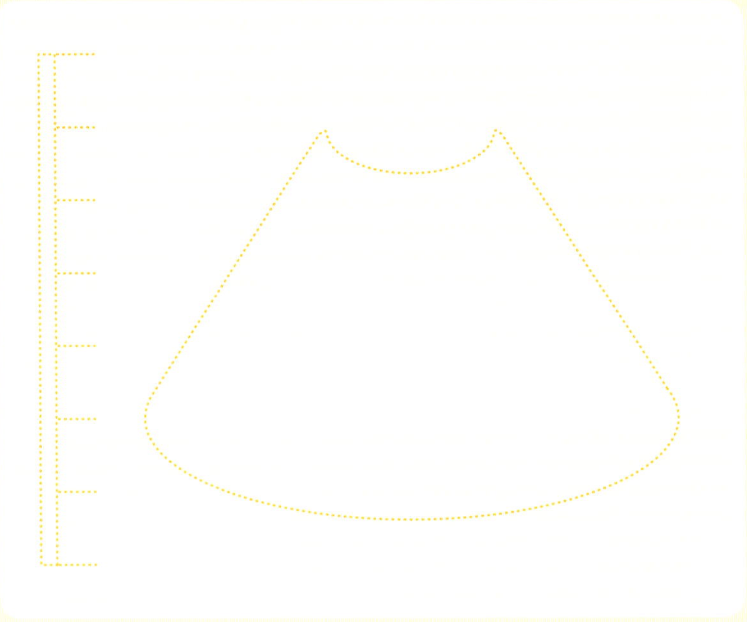

날 짜 :　　　　 년　 월　 일 (임신　 주)

병 원 :

신 장 :　　　　　　　cm

체 중 :　　　　　　　g

머리둘레 :　　　　　　 cm

심장박동 :

진찰기록 및 MEMO

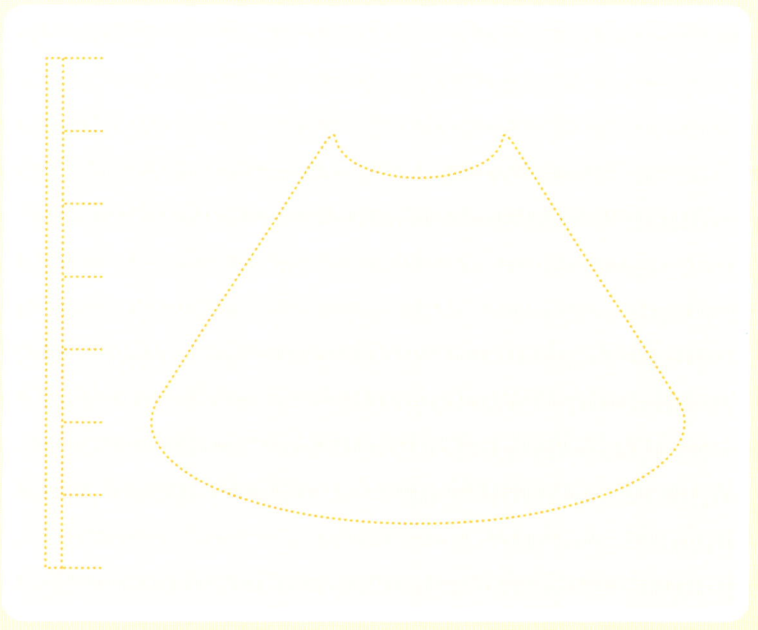

날 짜 :　　　　　년　　월　　일 (임신　　주)

병 원 :

신 장 :　　　　　cm

체 중 :　　　　　g

머리둘레 :　　　　　cm

심장박동 :

진찰기록 및 MEMO

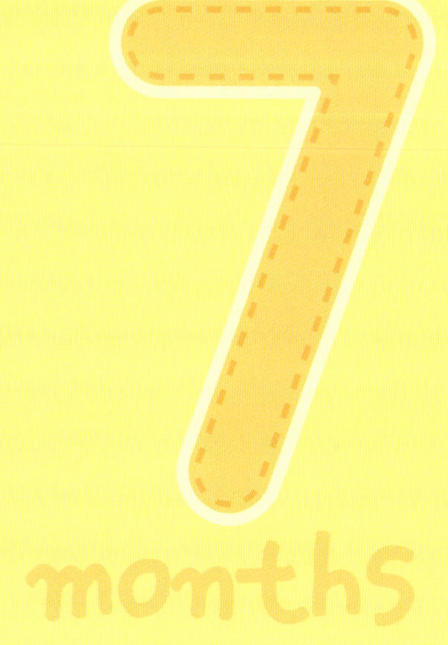

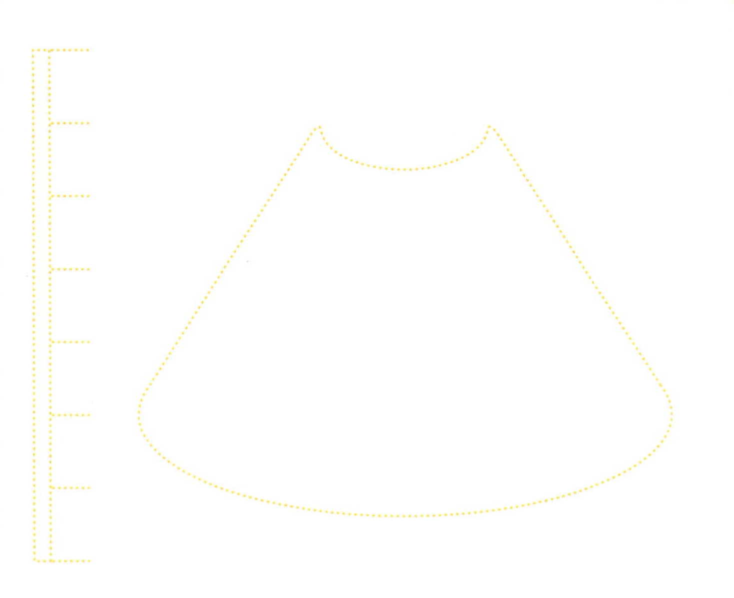

날 짜 : 　　년　　월　　일 (임신 　　주)

병 원 :

신 장 : 　　　cm

체 중 : 　　　g

머리둘레 : 　　　cm

심장박동 :

진찰기록 및 MEMO

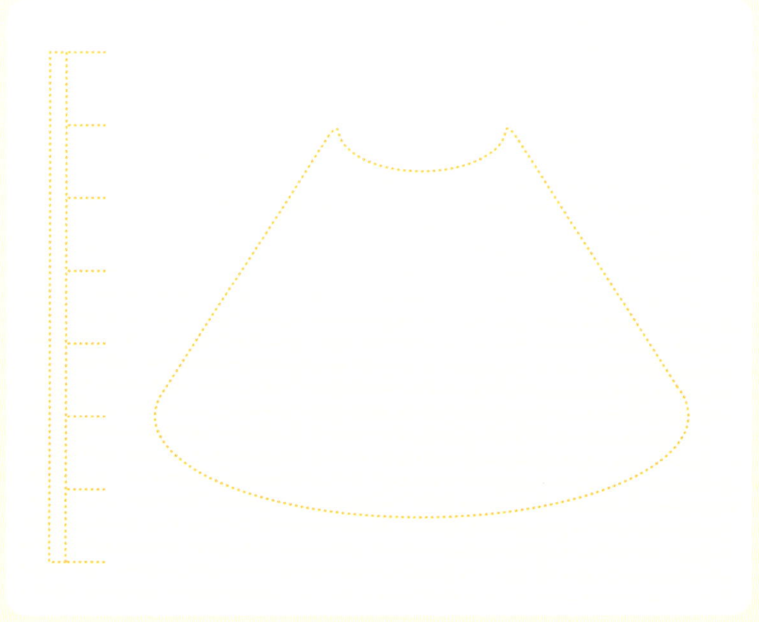

날 짜 :　　　　년　월　일(임신　주)

병 원 :

신 장 :　　　　cm

체 중 :　　　　g

머리둘레 :　　　　cm

심장박동 :

진찰기록 및 MEMO

엄마 뱃속에서 아주 살짝~

처음 **태동**을 느낀 날은...　　　년　　월　　일

월　일

월　일

!TIP **태동**은 임신 4~5개월 정도가 되면 느낄 수 있는데 처음에는 미약해서 잘 느끼지 못할 수도 있습니다. 아기가
커갈수록 확실하게 느껴지며 태동이 심해 엄마가 힘들 수도 있지만 아기가 건강하다는 증거이니 걱정마세요.

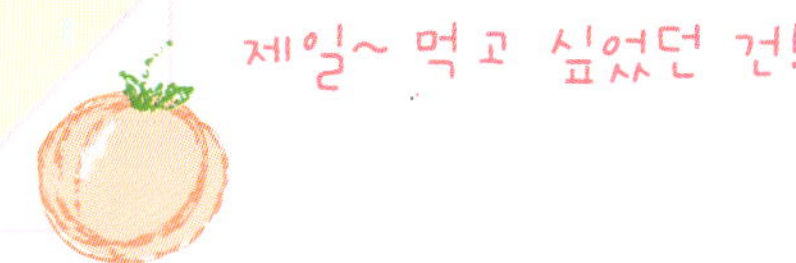

제일~ 먹고 싶었던 건!

요건 싫어졌어~

아기를 위해 꼭 참고 지켰던 일은...

우리 아기를 위해

엄마랑 아빠가 실천한 행복한 태교는...

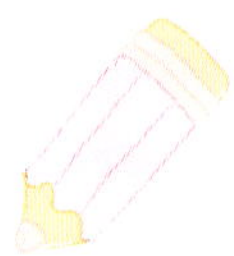

아기를 위해 엄마,아빠는 어떤 태교를 해주었는지
아빠가 읽어준 동화, 엄마가 들었던 음악,
아기와 함께 셋이서 나눈 대화 등을 적어주세요.

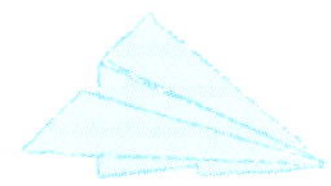

너를 만나게 될 멋진 날을 상상하며

엄마랑 아빠는 이런 준비를 했어...

분만예정일 :   년   월   일

설레이는 마음...
너를 맞이하기 위한 준비

너를 기다리며...

출산을 앞두고 있어
만삭의 배로 힘든 몸이지만
세상에서 가장 아름답고 성스러운
엄마의 모습을 찍어서 붙여주세요.

년 월 일

엄마의 모습

년 월 일

아빠의 모습

힘든 엄마 옆에서
커다란 위로와 힘이 되어준
듬직하고 멋진
아빠의 모습을 찍어서 붙여주세요.

두근두근 설레임...

아가야,
출산 예정일이 얼마 남지 않았어...
너와의 만남이 설레이기도 하고 긴장도 된단다.

태어날 아기를 기다리며 기쁜 마음으로
정성스럽게 준비한 출산준비물들을
예쁘게 찍어 기록해 주세요.

너를 생각하며   년   월   일에

행복한 마음으로   랑 같이 준비했단다.

우리 아기에게 축복을 담아 선물해 주신
아기용품들을 찍어서 붙여주세요.

아기가 지내게 될 소중한 보금자리를
사진으로 남겨 붙여주세요.

병원 이름 :

병원 위치 :

담당 선생님 :

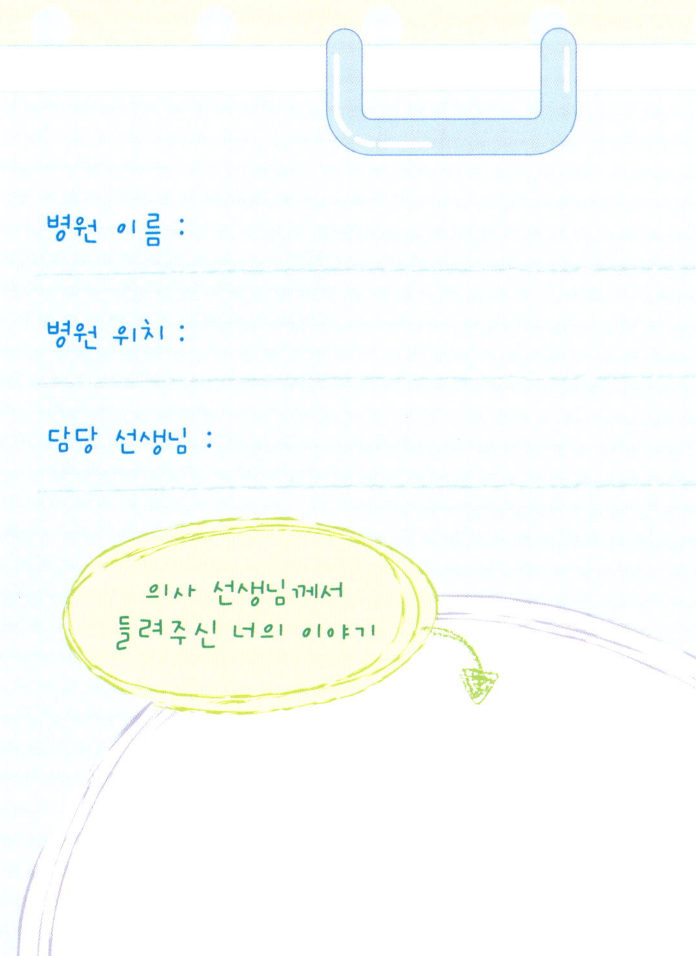

!TIP **출산**용품은 미리 계획을 세워 준비해두는 것이 좋습니다. 준비물로는 가벼운 옷, 수유용 브래지어, 산모용 패드, 아기 기저귀, 아기 배냇저고리, 아기 포대기, 수건 등 세면도구, 건강보험증, 산모수첩 등이 있습니다.

엄마의 한마디
아빠의 한마디

세상에서 가장 소중하고

사랑스러운 우리 아기와의 만남...

너는 이렇게 우리에게 와주었단다.

세상에 첫발을 내딛는
우리 아기를 축복하며...

설레임과 감동의 순간...

너를 만나기 위해
엄마는 이렇게 힘든 시간을
이겨내고 있었단다.

출산 당일, 오직 아기의 건강만을 생각하며
엄청난 고통을 감내하던 엄마의
위대한 모습을 찍어서 붙여주세요.

년   월   일   시쯤

 출산이 다가오면 불규칙적인 진통이 느껴집니다. 출산이 임박할수록 규칙적인 진통이 생기는데 통증에만 집착하면 산모가 더 힘듭니다. 출산을 위한 호흡법을 꾸준히 연습해놓으면 많은 도움이 되겠죠?

출산의 고통을 고스란히 겪어내는 엄마와
벅찬 감동으로 다가올 아기를 기다리며
간절했던 아빠의 마음을 담아주세요.

아기 이름 :

날 짜 :　　　　　년　　월　　일 (음력 :　　월　　일)

시 간 :　　　시　　분

성 별 : 남 / 여

신 장 :　　　cm

체 중 :　　　Kg

머리둘레 :　　　cm

가슴둘레 :　　　cm

혈액형 :

출생장소 :

분만형태 :

아기가 태어나고 병원에서
처음 찍은 사진을
붙여주세요.

초유는 어렵더라도 반드시 먹이는 것이 좋습니다. 초유에는 IgA라는 면역성분과 철분이 들어있어 아기를
장내병원균으로부터 보호해 줄 수 있습니다. 세상에서 단 한사람, 엄마만이 줄 수 있는 선물이지요.

출산 후 엄마가 처음으로 아기를 만나
품에 안은 모습을 사진으로 찍어서 붙이고
그때 느꼈던 벅찬 감동을 글로 남겨주세요.

사랑스러운
우리 아기

엄마 젖을
처음 먹다

작고 예쁜
다섯 손가락

인형처럼
작은 발

귀여운 볼록 배꼽

동그랗고 동그란 엉덩이

우리 아기와의 첫 열흘간...

잠만 자는것 같지만 천사같은 너를

보는것 만으로도 가슴이 뛰는구나.

쌔근쌔근 잠든 너는
존재만으로 큰 감동이야...

아기가 태어나고 엄마 아빠와 함께
처음으로 같이 찍은 사진을 붙이고
부모라는 새 이름으로 함께 할
우리 가족에 대한 다짐도 적어주세요.

우리 가족은...

아기의 탄생을 기뻐하며 찾아주셨던 가족과
친지분들의 축하 메세지를 적어주세요.

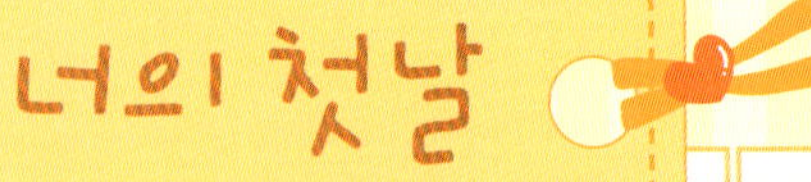

출생 후 처음 열흘간 매일 사진을 찍어
아기의 변화하는 모습과 행동,
배냇짓 등을 기록해 주세요.

너의 첫날

둘 째 날

DAY 2

셋 째 날

DAY 3

DAY 4

다섯째 날

다섯째 날

DAY 5

여섯째 날

DAY 6

일곱째날

일곱째날   DAY 7

DAY 8

아홉째날

아홉째날

DAY 9

열 째 날

DAY 10

입안을 닦아요

머리를 감아요

!TIP 탯줄은 대략 일주일에서 열흘이면 자연적으로 떨어집니다. 탯줄이 떨어질 때까지는 매일 알코올로 소독을 하여 깨끗이 해주어야 하는데 배꼽을 통해 세균감염이 일어나면 파상풍 등의 위험이 있기 때문입니다.

탯줄이 떨어진 날

탯줄이 떨어지고 보이는 예쁜 배꼽

떨어진 탯줄

젖을 먹는 모습

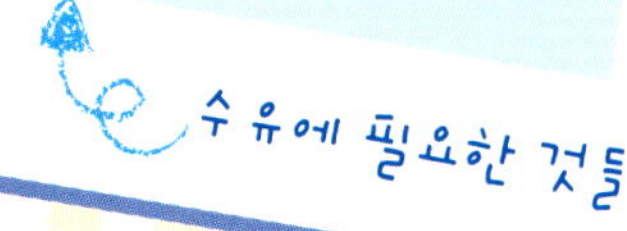

수유에 필요한 것들

!TIP 모유를 먹이는 일은 세상에서 단 한사람, 아기의 엄마만이 줄 수 있는 특별하고 신비로운 일입니다. 모유를 먹이는 일이 결코 쉽지 않지만 끈기를 가지고 노력한다면 아기를 위한 최고의 첫 선물이 될 것입니다.

네 이름은 이렇게 지었어

네이름은   야. 맘에 드니?

네 이름을 지어주신 분은…

네 이름에 어떤 의미가 담겨있냐면…

한자로 쓸 때 :

영문으로 쓸 때 :

이런 이름들도
생각했었어

너의 탄생이 공식적으로 등재되는 출생신고 !!!
대한민국 국민으로서 주민등록번호를 부여받았단다.
바로 이거, 너만의 고유번호야.

이제부터 우리아기와 함께

경험하게 될 신비롭고 소중한 순간들

엄마가 모두 기록해줄게...

너의 모든것이 엄마에겐
신비하고 아름다운 경험...

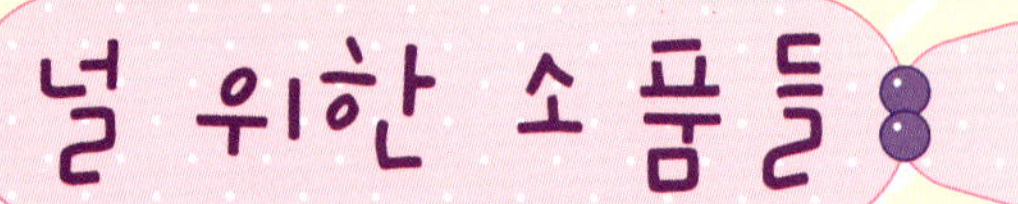

아기를 위해 쓰이는 여러가지 용품을
사진으로 찍어서 붙여주고 소품에 얽힌
작은 추억을 메모로 남겨주세요.

배냇저고리랑
손 싸개,
그리고 발싸개

예쁜 배게와
포근한 이불

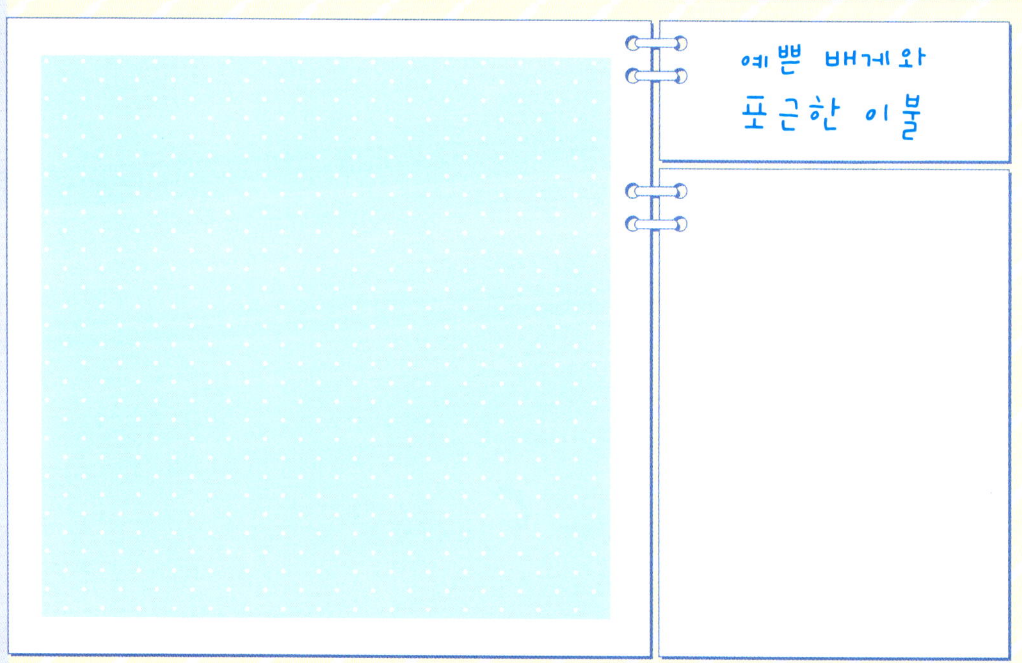

!TIP **모빌**은 색구분이 어려운 신생아기의 시력을 고려하여 흑백의 선명한 무늬나 원색으로 구성되어있는 제품을 선택하고 모빌에서 나오는 반복적인 리듬보다는 좋은 음악을 선별하여 따로 들려주는것이 좋습니다.

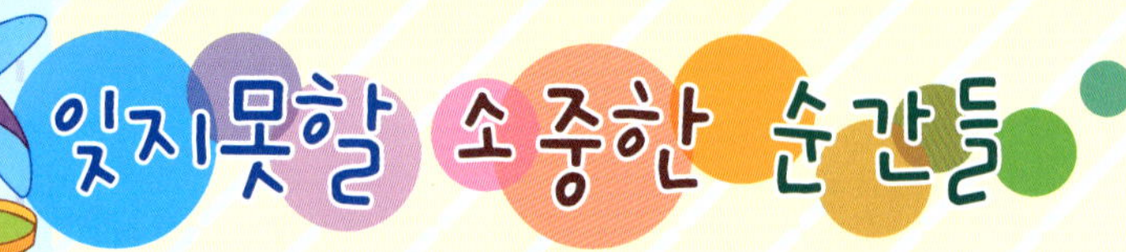

배냇미소를 짓다...

년   월   일

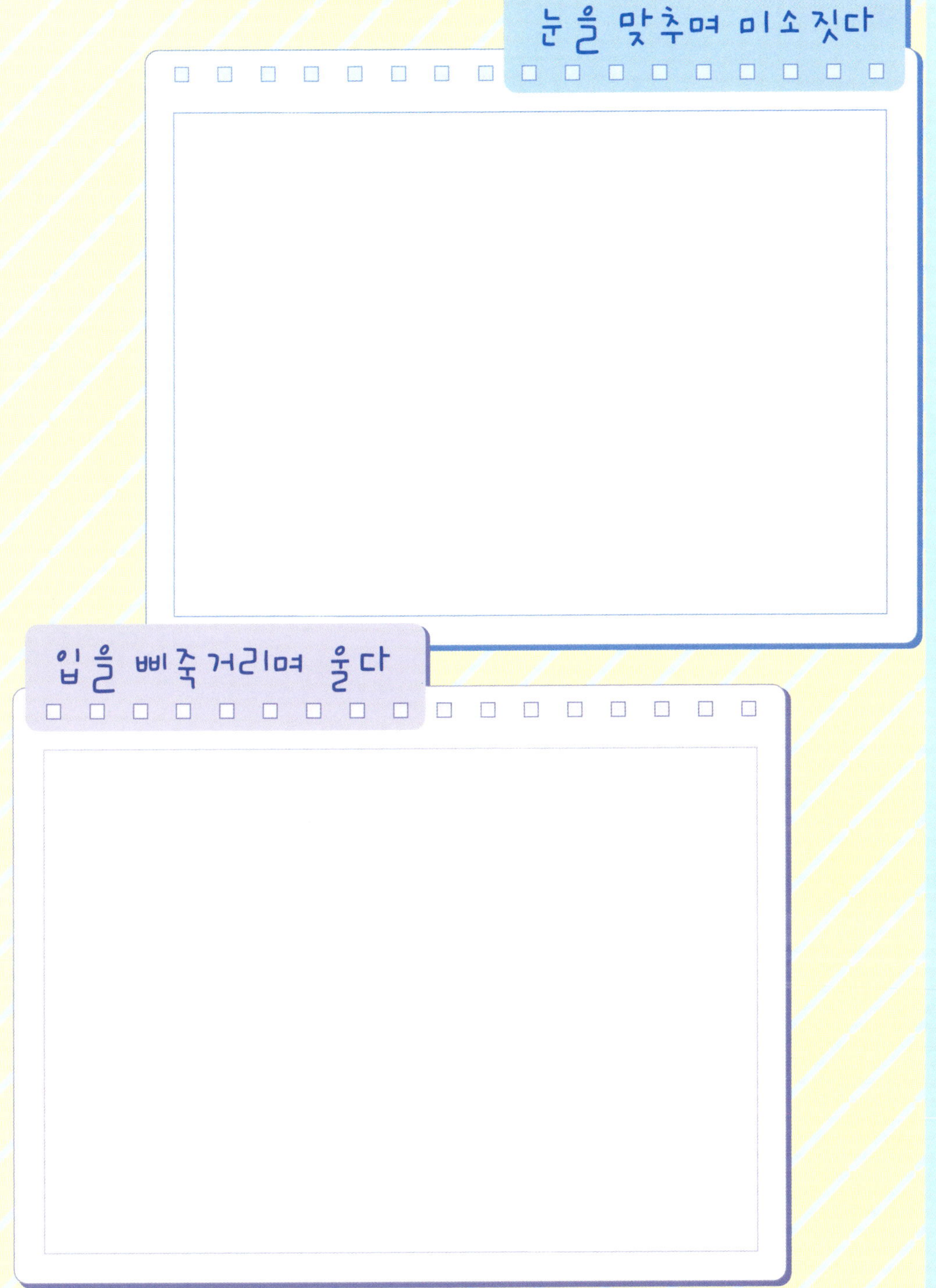

눈을 맞추며 미소 짓다

입을 삐죽거리며 울다

고개를 돌려 주위를 보다

손가락을 입으로 빨다

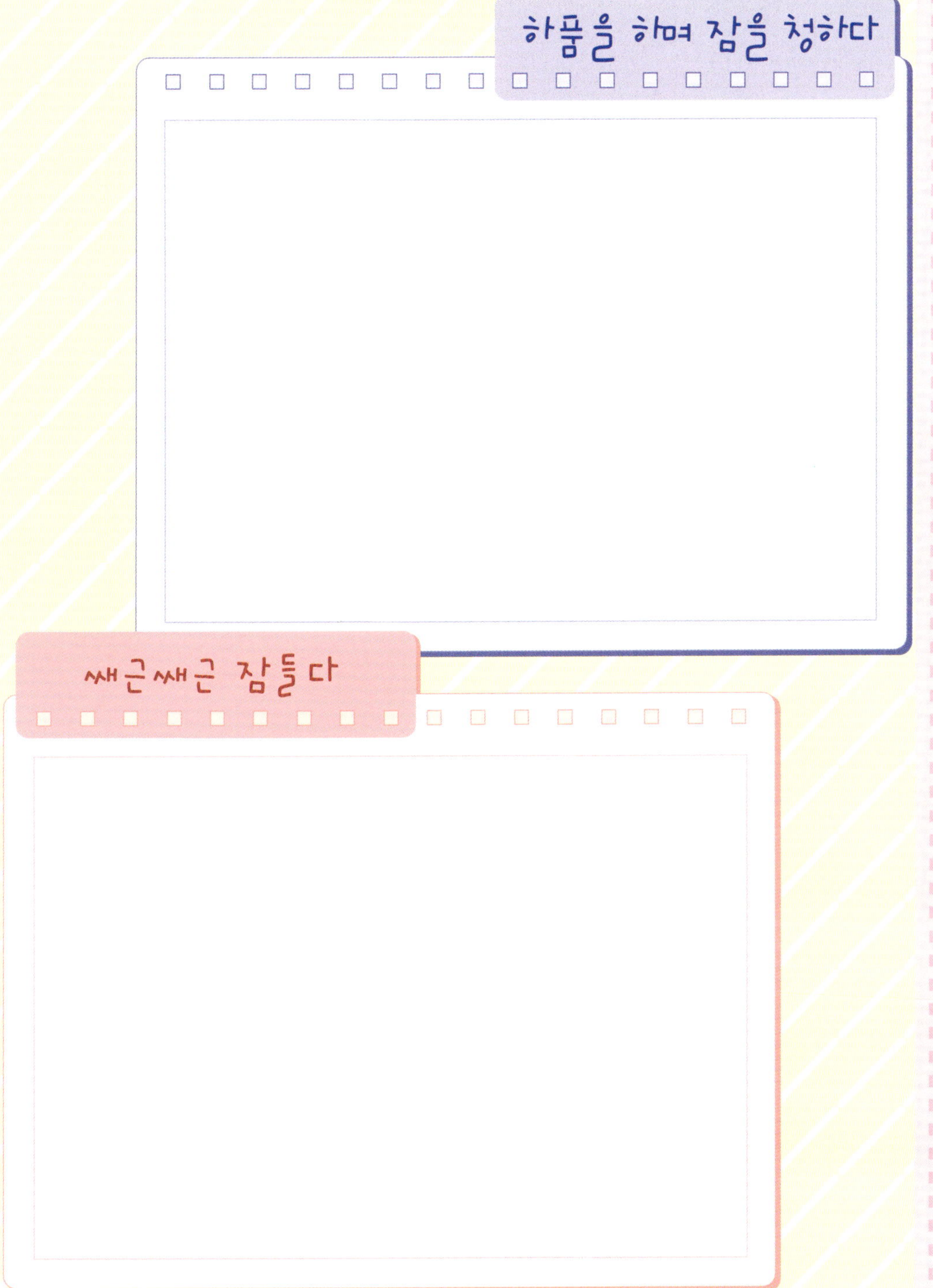

하품을 하며 잠을 청하다

쌔근쌔근 잠들다

목을 가누기 시작하다
년   월   일

드디어 몸을 뒤집다

년   월   일

몸을 뒤집기전에
낑낑대는 너의 모습

뒤집고 난 후에는 이렇게

백일을 축하해요!

우리아기 ______ 가 태어난지 꼭 100일째 되는 날

년   월   일

100일이 되도록 건강하고 사랑스럽게
자라준 아기에게 감사하며
사진을 찍어서 붙여주세요.

mestead Nursery
ANTS AND RARE SEEDS
ESTEAD WHO MAKE IT ALL HAPPEN

우리아기의 첫 365일...
너는 이렇게도 많은 기쁨과 감동을
우리에게 안겨주었단다.

세상모두에게 기쁨으로
다가온 우리아기... 사랑해!

조심스레 유모차를 타고 바깥으로 나온날

년   월   일

배를 밀어 앞으로 나가다

배밀이를 시작해 앞으로 조금씩 나가게 된 날

년 월 일

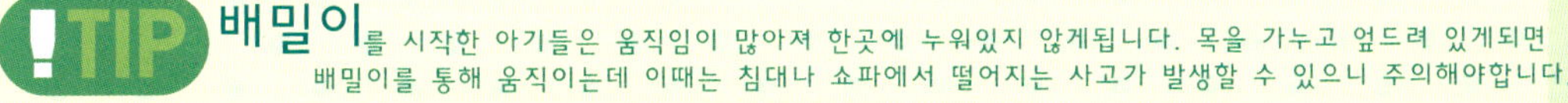

!TIP 배밀이를 시작한 아기들은 움직임이 많아져 한곳에 누워있지 않게됩니다. 목을 가누고 엎드려 있게되면
배밀이를 통해 움직이는데 이때는 침대나 쇼파에서 떨어지는 사고가 발생할 수 있으니 주의해야합니다.

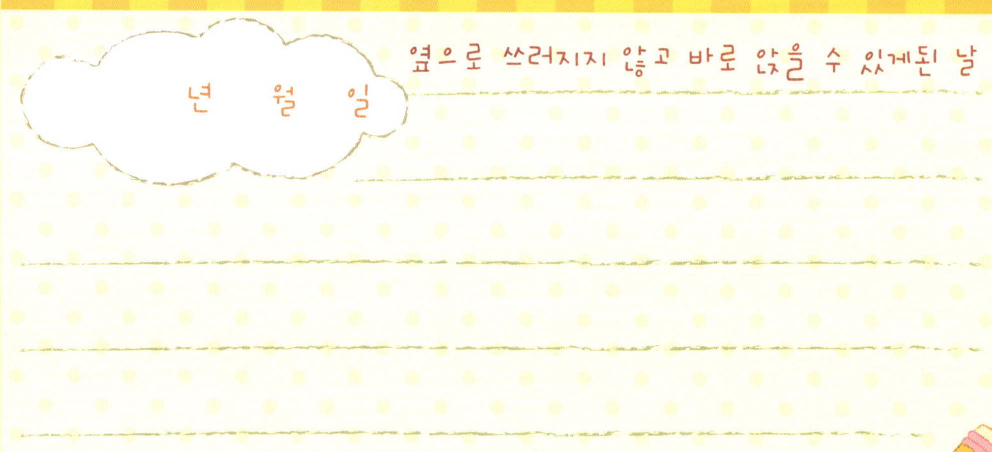

옆으로 쓰러지지 않고 바로 앉을 수 있게된 날

년   월   일

혼자 앉았어요!

하얀 이가 쏙!

작고 새하얀 예쁜 이가 살짝 나오기 시작한 날

년   월   일

하얀 이가 쏙!

치아가 처음 나오기 시작하면 아기는 침을 많이 흘리게 되고 손을 입으로 가져가는 일이 빈번하게 일어납니다.
약간 차갑게 한 치아발육기를 주거나 당근처럼 단단한 채소를 가늘게 잘라 주어도 좋습니다.

이유식을 냠냠~

년   월   일

정성스레 준비한 너의 첫 이유식... 어때?

!TIP 이유식은 육아서적이나 다른 엄마들에게서 얻는 정보에 너무 연연하지 말고 아기의 입맛과 식사습관을 고려해야
합니다. 좋아하는 이유식을 아기가 원할 때, 원하는만큼 적절히 주어야 식사시간을 즐겁게 받아들인답니다.

조금씩 기어서 앞으로

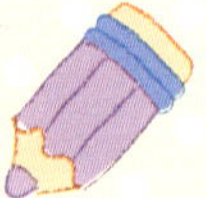

년   월   일

눈을 동그랗게 뜨고 조금씩 앞으로 기어갔어요!

보행기를 타고 씽씽~

년   월   일

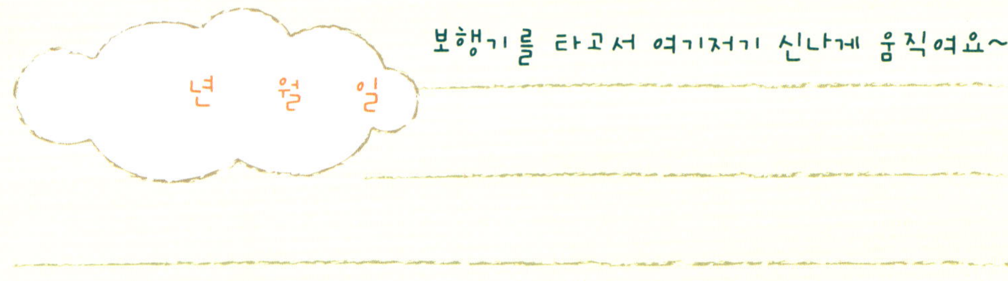

년   월   일

무언가를 잡고 혼자 힘으로 일어서던날, 야호~

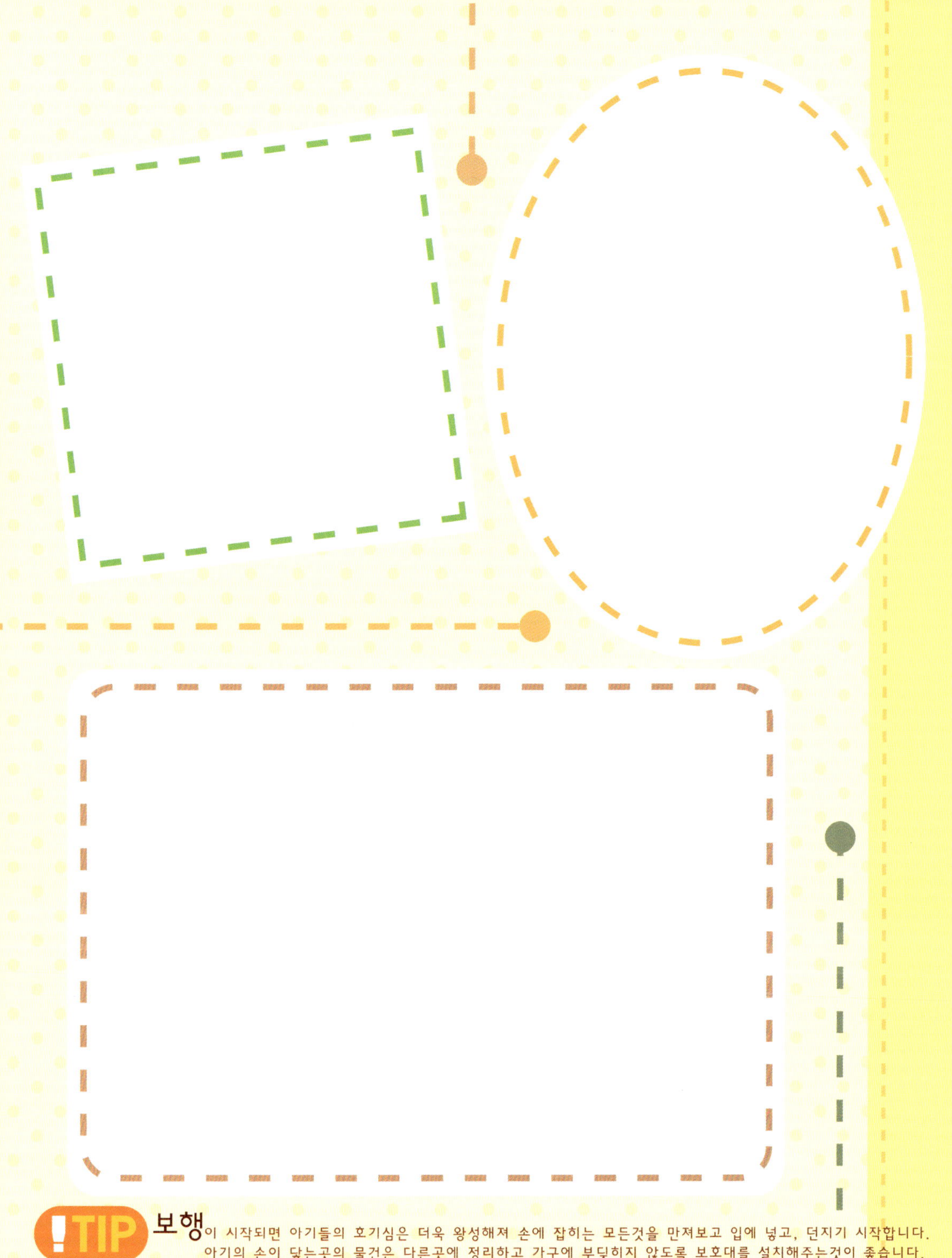

!TIP 보행이 시작되면 아기들의 호기심은 더욱 왕성해져 손에 잡히는 모든것을 만져보고 입에 넣고, 던지기 시작합니다.
아기의 손이 닿는곳의 물건은 다른곳에 정리하고 가구에 부딪히지 않도록 보호대를 설치해주는것이 좋습니다.

한발 한발 드디어 걸음마

기적과도 같은 너의 첫 걸음에 모두 감격한 날!

년 월 일

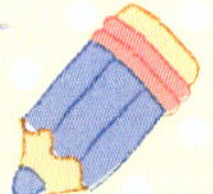

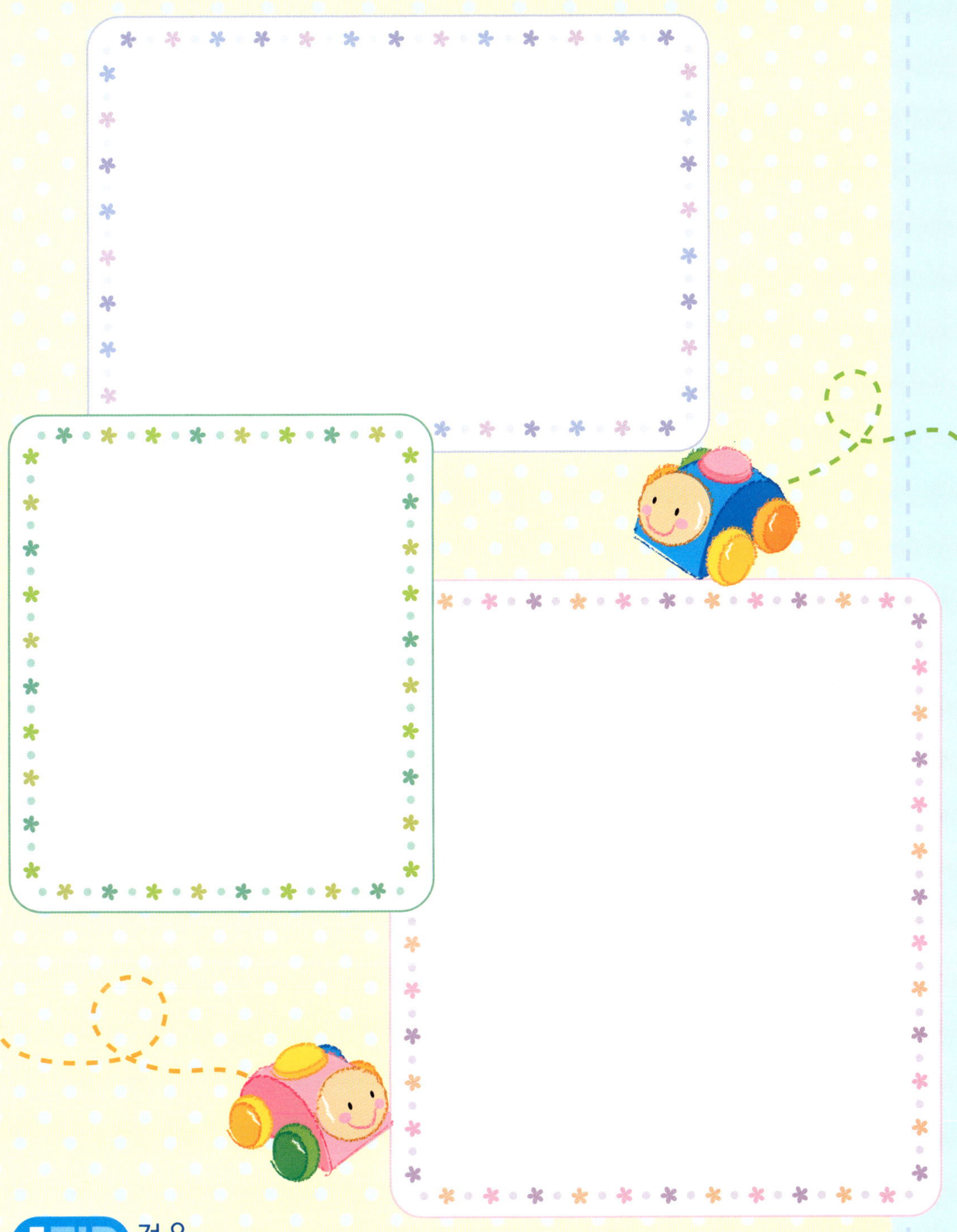

!TIP **걸음**마가 시작되면 아기의 활동범위가 훨씬 넓어지고 움직임도 능숙해집니다. 그만큼 안전사고의 위험도 높아지므로 각별히 주의를 하고 아기가 움직이는 동안에는 한시도 눈을 떼지 말아야합니다.

우리아기 예쁜짓~

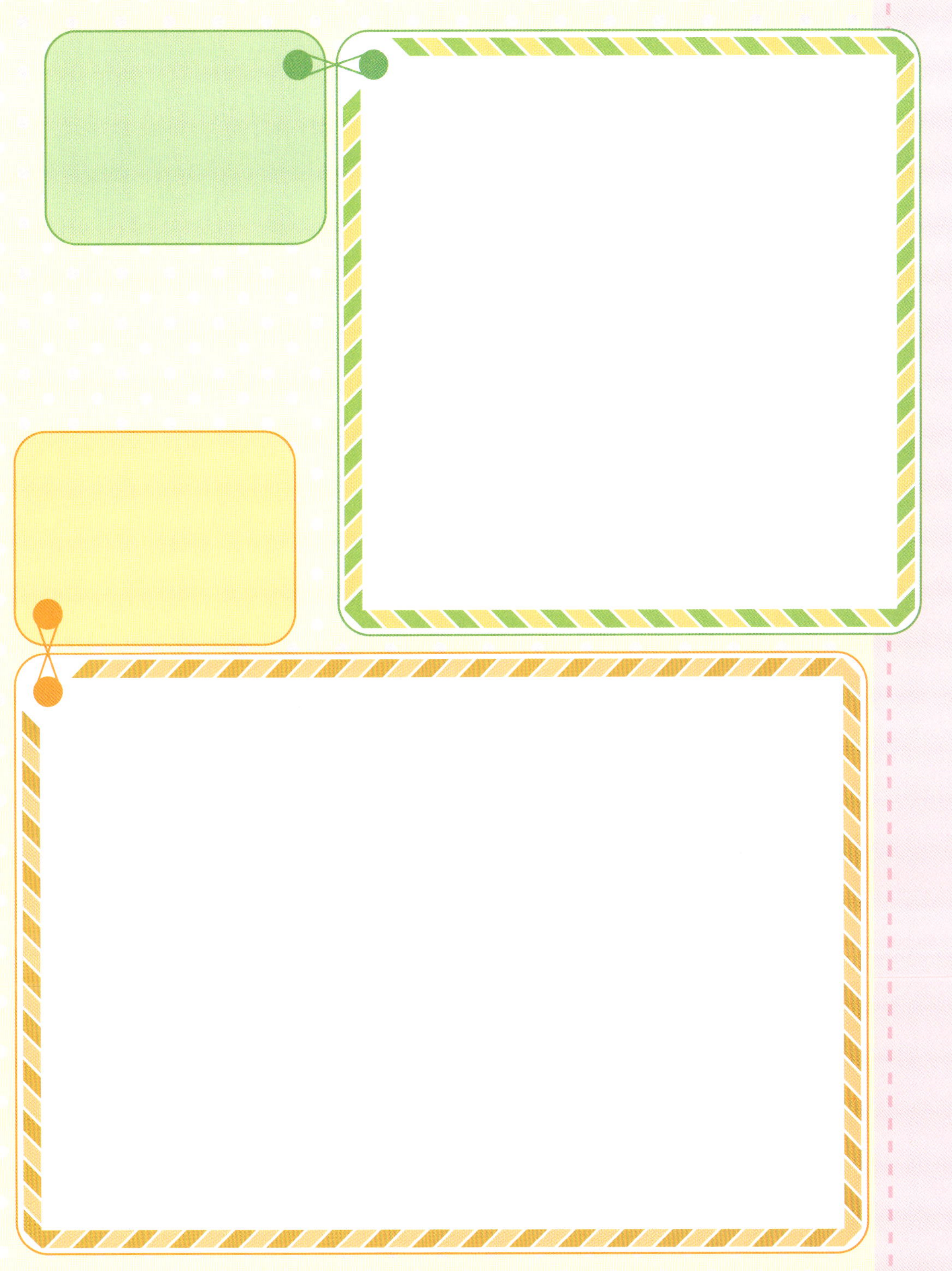

첫돌을
축하합니다!!
년   월   일

처음 맞는 아기의 생일
건강하고 예쁘게 자라준 것에
감사하며 아기의
첫 돌 사진을 붙여주세요.

1'st Birthday!!

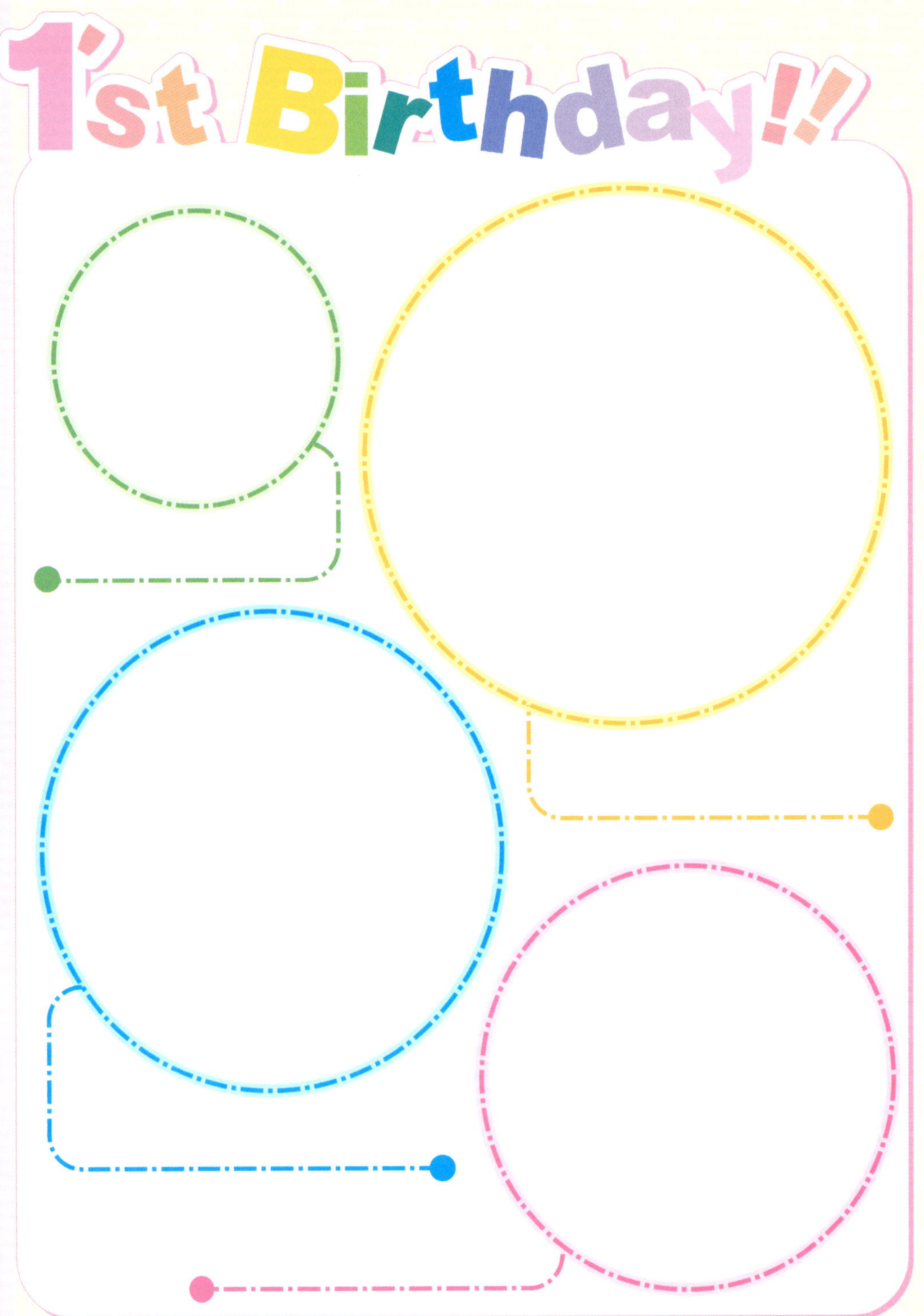

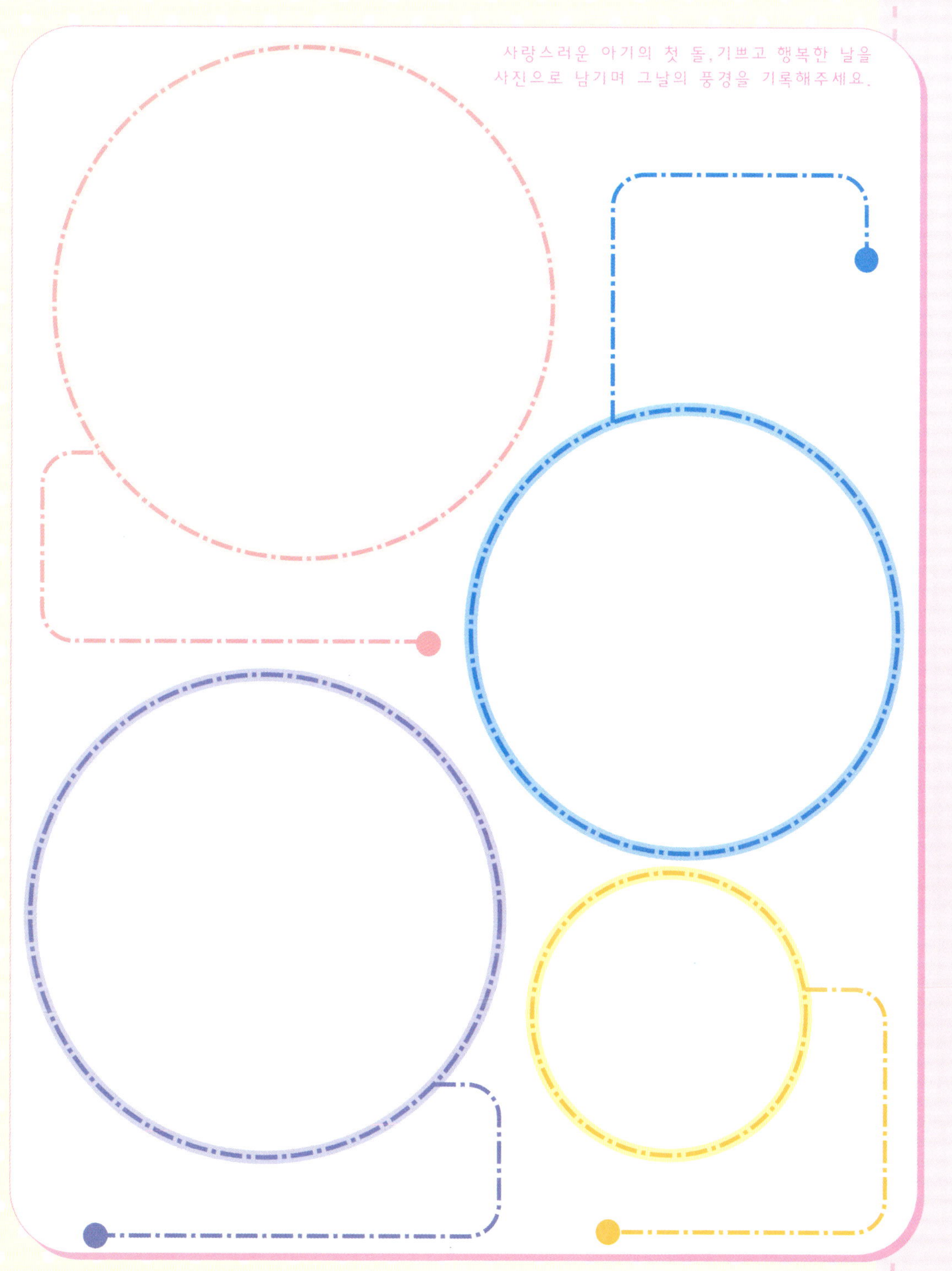

사랑스러운 아기의 첫 돌, 기쁘고 행복한 날을
사진으로 남기며 그날의 풍경을 기록해주세요.

첫돌을 맞은 아기에게
엄마아빠가 주는 사랑의 글

CONGRATULATION~!! ♥

ON YOUR

HAPPYDAY!! ♥

Mom's Diary

Mom's Diary

Mom's Diary

Mom's Diary

Mom's Diary

Mom's Diary

Mom's Diary

Mom's Diary

Mom's Diary

Mom's Diary

Mom's Diary

Mom's Diary

Mom's Diary

우리아기 건강체크

날 짜	증 상	치 료	메 모

우리아기 건강체크

날 짜	증 상	치 료	메 모

우리아기 건강체크

날 짜	증 상	치 료	메 모

우리아기 건강체크

날짜	증상	치료	메모

날짜	증상	치료	메모

우리아기 건강체크

날 짜	증 상	치 료	메 모

우리아기 건강체크

날 짜	증 상	치 료	메 모

신체발달기록

날짜	키 (cm)	몸무게 (kg)	가슴둘레 (cm)
/			
/			
/			
/			
/			
/			
/			
/			
/			
/			
/			
/			

날 짜	키 (cm)	몸무게 (kg)	가슴둘레 (cm)
/			
/			
/			
/			
/			
/			
/			
/			
/			
/			
/			
/			

예방접종기록

	대상 전염병	백신종류 및 방법	0개월	1개월	2개월	4개월	6개월
국가필수예방접종	결핵	BCG(피내용)	1회 /				
	B형간염	HepB (유전자재조합)	1차 /	2차 /			3차 /
	디프테리아 파상풍 백일해	DTaP			1차 /	2차 /	3차 /
		Td(성인용)					
	폴리오	IPV(사백신)			1차 /	2차 /	3차 /
	홍역/유행성 이하선염/ 풍진	MMR					
	수두	Var					
	일본뇌염	JEV(사백신)					
	인플루엔자	Flu					
	장티푸스	경구용					
		주사용					
	신증후군 출혈열	주사용					
기타예방접종	결핵	BCG(경피용)	1회 /				
	일본뇌염	JEV(생백신)					
	B형 헤모필루스 인플루엔자 뇌수막염	Hib			1차 /	2차 /	3차 /
	A형간염	HepA					
	폐구균	PCV			1차 /	2차 /	3차 /

12개월	15개월	18개월	24개월	36개월	만4세	만6세	만11세	만12세
		추4차 /			추5차 /			
							추6차 /	
					추4차 /			
	1차 /				2차 /			
	1회 /							
		1~2차 /		3차 /		추4차 /		추5차 /
고위험군에 한하여 접종								
							고위험군에 한하여 접종	
				고위험군에 한하여 접종				
고위험군에 한하여 접종								
		1차 /		2차 /		추3차 /		
	추4차 /							
		1~2차 /						
	추4차 /							

발 행 일 2010년 12월 10일

펴 낸 이 강현숙

기획·편집 가꿈교육미디어

일러스트 정윤

펴 낸 곳 가꿈교육미디어
서울시 용산구 용문동 1-74
TEL:02.712.2535 FAX:02.712.2545
www.kakkum-media.com

ISBN 978-89-88470-10-7

사진협찬

배냇스토리 www.benetstory.com
• 아기의 건강을 위한 천연염색 신생아용품
• 친환경 마크인 독일 DIN마크 획득

난쟁이똥자루 www.nanddong.com
• 오가닉 출산용품 만들기(DIY) 전문 쇼핑몰
• 유럽 유기농 검사기관 SKAL 오가닉인증서 획득

임신과 육아를 위한 GUIDE BOOK

INDEX

건강한 임신을 위해 해야 할 것

- 임신하기 전에 풍진처럼 배아와 태아에게 위험한 전염병을 예방하는 백신을 접종했는지 확인한다. 대부분의 백신은 임신기간에는 안전하지 않다.

- 임신인지 의심이 되면 바로 의사를 찾아간다. 그리고 임신기간 내내 정기적인 의료검진을 꾸준히 받아야한다.

- 균형이 잡힌 식사를 하고 의사의 처방을 받은 비타민,미네랄 등의 영양제를 임신 이전과 임신동안에 복용한다. 11~14kg정도 체중을 꾸준히 늘린다.

- 적당한 운동을 통해 신체적으로 건강을 유지한다. 가능하다면 예비어머니를 위한 운동 교실에 참여한다.

- 정서적 스트레스를 피한다. 만일 미혼인 예비어머니라면 정서적 지원에 도움이 되는 친구나 친척을 찾는다.

- 충분한 휴식을 취한다. 과로하는 어머니는 합병증의 위험이 있다.

- 의사,도서관,서점에서 태내 발달에 관한 자료를 얻고 걱정되는 것에 대해서는 의사와 상담한다.

- 남편이나 친구와 함께 태교와 출산 교육에 관한 교실에 등록한다. 무엇을 기대할 수 있는지를 알 수 있다면 출산 전 9개월은 인생에서 가장 즐거운 기간이 될 수 있다.

- 의사와의 상의 없이는 어떠한 약물도 복용하지 않는다.

- 흡연을 하지 않는다. 만일 흡연자라면 담배를 줄여야 하며 끊으면 더 좋다. 또한 간접흡연을 피한다. 만일 가족중 흡연자가 있다면 담배를 끊거나 다른 공간에서 필 것을 권한다.

- 임신을 하기로 결심한 순간부터 술을 마시지 않는다.

- 자라고 있는 유기체가 방사능이나 오염물질 같은 환경적 위험에 노출될 가능성이 있는 활동에 참가하지 않는다.

- 덜 익은 고기를 먹거나, 고양이 배설물이나 고양이가 자주 다니는 구역이 있는 정원을 치우는 일 등을 피한다. 그런 행동들은 주혈원충병의 위험을 높인다.

- 임신기를 다이어트를 시작하는 기간으로 선택하지 않는다.

- 임신기간에 너무 많은 살이 찌지 않도록 한다. 과도한 체중은 합병증과 연관이 있다.

태아의 진단 방법

● 양수검사(amniocentesis)

가장 광범위하게 사용되는 태아 진단법이다. 가느다란 바늘로 자궁 안의 양수를 추출하여 유전인자 이상을 발견해 내는 방법이다. 수정 후 11주 이후에 행하며 검사결과를 알기 위해서는 3주 정도 소요되며 유산의 위험이 약간 있다.

● 융모검사(chorionic villus sampling)

임신 초기에 태아검사를 원할 때 융모검사를 한다. 가는 관을 질을 통해 자궁이나 복벽을 통해 삽입하여 작은 융모조직을 떼어내 유전적 결함을 알아낸다. 수정 후 6~8주에 시행될 수 있으며 24시간 이내에 결과를 알 수 있다. 양수 검사보다 유산의 위험이 크며 초기에 시행될수록 유산의 위험이 증가한다.

● 초음파검사(ultrasound)

음파를 자궁에 투시하여 반사된 화면으로 태아의 크기,모양,위치를 알아낸다. 정확한 태아의 월령,쌍생아 여부,심한 신체적 결함을 확인할 수 있다. 또한 양수 검사나 융모 검사를 해야 하는지를 알 수 있다.

출처 : Berger, 1994.

임신 중 체중의 증가

- 임신 말기에는 전체 10~12kg의 체중이 증가하는데, 이 중 태아를 빼고는 모체 저장이 가장 큰 비중이다.

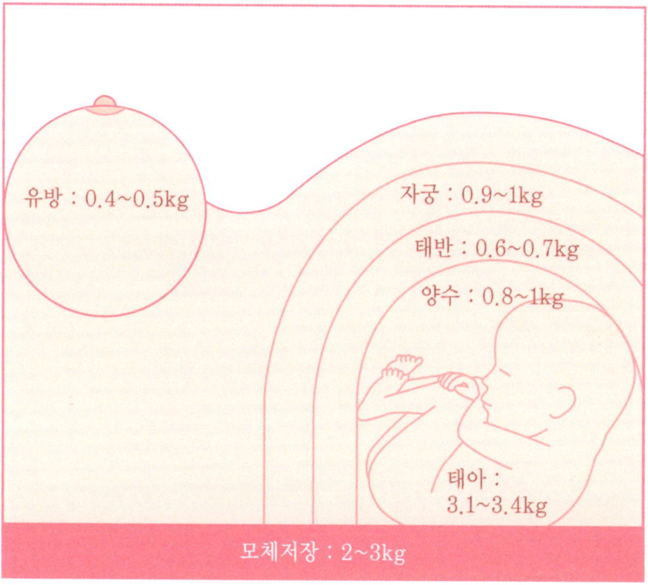

유방 : 0.4~0.5kg
자궁 : 0.9~1kg
태반 : 0.6~0.7kg
양수 : 0.8~1kg
태아 :
3.1~3.4kg
모체저장 : 2~3kg

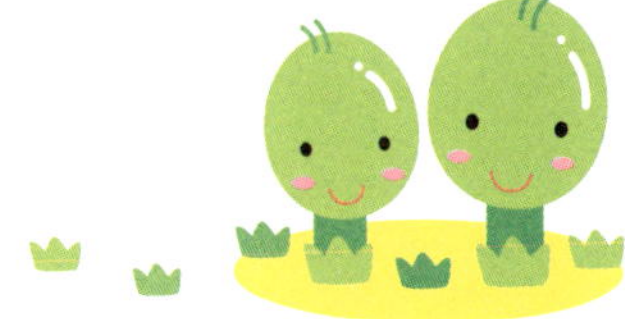

배아의 성장과 발달

10~13일 · 착상된 수정란은 외배엽,중배엽,내배엽으로 분리된다.

2 주 · 태반의 발달이 시작된다.

3 주 · 심장이 생기고 3주말 경에는 뛰기 시작한다.

4 주 · 손발이 될 부분이 보인다.
· 눈,귀 및 소화기관이 형성된다.
· 정맥과 동맥이 완성된다.
· 척추가 생기고 신경계가 형성된다.

5 주 · 배꼽이 형성된다.　· 허파가 될 기관지가 형성된다.

6 주 · 머리크기가 가장 크다.　· 외이(外耳)가 나타난다.

7 주 · 얼굴과 목이 형성된다.
· 눈꺼풀이 형성된다.
· 위가 완전한 형태와 위치를 잡는다.
· 근육이 빠르게 분화된다.
· 신경이 매우 빠른 속도로 발달한다.

8 주 · 머리가 전체의 반이 된다.　· 성기가 출현한다.
· 8주말 경에는 움직일 수 있고 입 주위 자극에 반응한다.
· 명확한 손가락과 발가락이 보이고 귀,턱의 형성으로 인간의 모습을 보인다.

10 주	· 장기가 신체 내의 적절한 위치에 자리잡는다.
12 주	· 남성과 여성의 외적 성기 구분이 가능하다. · 피가 골수에서 형성되기 시작한다.　　· 눈이 완성된다.
4개월 말	· 태아가 인간의 모습에 가까워진다. · 머리카락이 나기 시작하며 몸이 머리보다 크다. · 뼈의 대부분이 명확해지고 관절이 나타난다. · 두뇌가 두 개의 반구로 분할되는 것이 보인다. · 삼키고 빠는 등의 반사 행동이 이루어진다. · 임부는 태동을 느끼게 된다. · 여아의 경우 자궁과 질이 구분되며 남아의 경우 음낭이 될 기관이 자리를 잡는다.
5개월 말	· 뇌의 반구에서 새로운 분화가 발생한다. · 모든 신경세포가 나타난다.
6개월 말	· 피부는 태지로 덮혀있다. · 이때 태어나도 처치를 받으면 생존할 수 있다.
7개월 말	· 허파와 중앙 신경계의 발달로 숨을 쉴 수 있다. · 감은 눈을 뜨고 빛에 반응할 수 있다. · 피부 주름이 펴지면서 상당한 양의 지방이 형성된다.
8개월 말	· 태아의 피부가 펴지고 팔다리가 통통해진다.
9개월 말	· 몸무게는 증가하나 출산이 다가옴에 따라 성장은 늦어진다. · 태아가 내려앉는다.

출처 : Cole & Cole, 1993.

출산 징후와 분만의 3단계

이슬이 비친다
출산이 임박하면 이슬이 비치게 된다. 자궁 경부가 열리기 시작하면서 경부를 막고 있던 조직과 혈액, 분비물이 나오는 것이다. 갈색 혈흔이나 선홍색 혈이 비치는데, 양이 많지 않아서 간혹 모르고 지나가는 경우도 있다.

규칙적인 진통이 생긴다
임신 제2삼분기 이후부터는 가끔식 배가 불규칙하게 당기는 증상이 생긴다. 이러한 가진통은 생리통과 같은 통증이 생기다가 잦아들고 다시 생기는 등 불규칙하다. 진통이 일정한 간격을 두고 규칙적으로 오면 분만이 임박했다는 뜻이므로 병원으로 간다.

양수가 터진다
갑자기 질에서 따뜻한 물이 나온다면 양수가 파수된 것이다. 양수가 터졌다면 현재의 진통유무에 상관없이 산도를 통해 태아가 감염되지 않도록 깨끗한 거즈나 위생패드를 댄 다음 바로 병원으로 간다.

분만 1단계

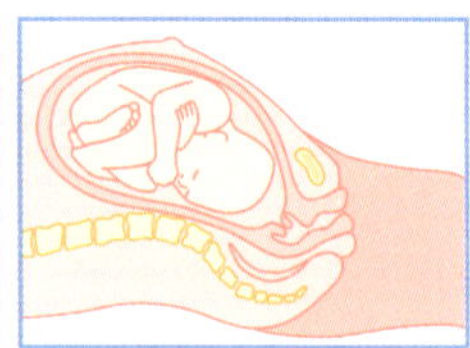

ⓐ **자궁경부의 확장과 소실**
자궁의 수축은 자궁경부를 확장하고 없앤다.

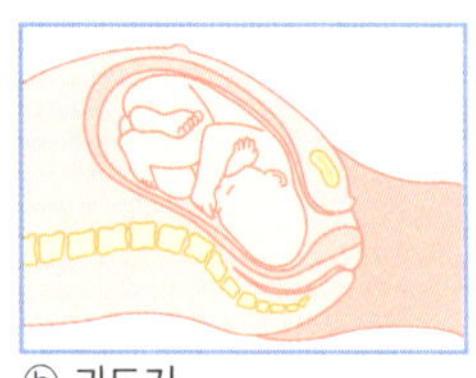

ⓑ **과도기**
수축의 빈도와 강도가 가장 높고 자궁경부가 완전히 열리는 과도기에 다다른다.

분만 2단계

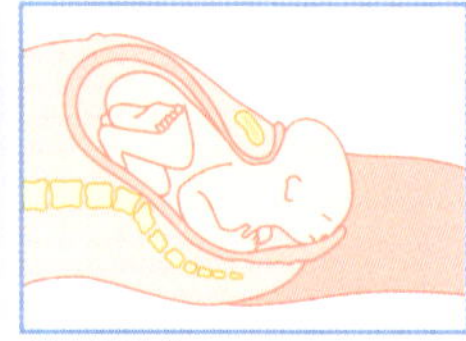

ⓒ **밀어냄**
어머니가 아기를 산도로 밀어내기 위한 수축을 하여, 아기의 머리가 보이게 된다.

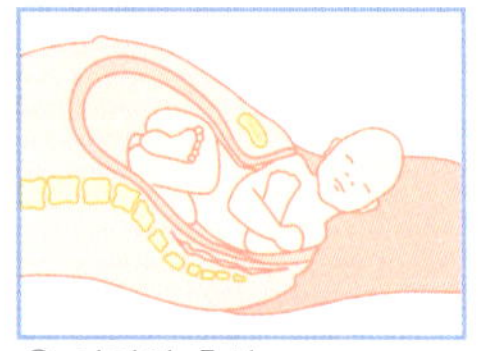

ⓓ **아기의 출산**
2단계의 끝에 근접하여 아기의 어깨가 나오면서 나머지 신체부위가 따라 나온다.

분만 3단계

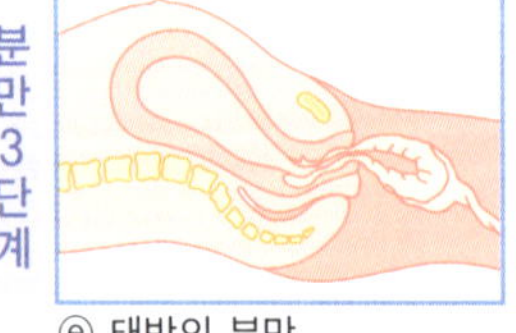

ⓔ **태반의 분만**
몇번의 밀어냄 끝에 태반이 나온다.

출산 준비물

- 가벼운 옷
- 수유용 브레지어
- 산모용 패드
- 아기 기저귀
- 아기 배넷저고리
- 아기 포대기(싸개)
- 수건 등 세면도구
- 건강보험카드
- 산모수첩 등

신생아의 반사

	자 극	반 응	소멸되는 나이	기 능
눈깜빡임	눈에 짧은 빛을 비추거나 머리 가까이에서 손뼉을 친다.	아기들은 빠르게 눈꺼풀을 닿는다.	지속적임	강한 자극으로부터 아기를 보호한다.
젖찾기	입가 근처의 뺨을 건드린다.	머리를 자극 쪽으로 돌린다.	3주 (이 시기에는 수의적으로 돌린다.)	아기가 유두를 찾도록 돕는다.
빨기반사	아기의 입에 손가락을 넣는다.	아기는 손가락을 리듬감 있게 빤다.	4개월 후에 수의적인 빨기로 대치된다.	섭식을 하도록 한다.
모로반사	수평으로 눕혀 들어 올려서 머리가 약간 떨어지도록 하거나 갑자기 큰 소리를 낸다.	등을 구부리면서 다리를 뻗고, 팔을 바깥 쪽으로 벌리고 난 후 다시 팔을 몸 쪽으로 가져오는 포옹하는 동작을 한다.	6개월	진화 역사에서 아기가 어머니에게 매달리도록 했을 것이다.
잡기반사	아기의 손에 손가락을 놓고 손바닥을 누른다.	아기는 자동적으로 손가락을 잡는다.	3~4개월	아기가 수의적인 잡기를 하도록 준비시킨다.
긴장성목반사	누워서 깨어있는 동안에 아기의 머리를 한쪽으로 돌린다.	아기는 '펜싱 자세'를 취한다. 한 팔은 머리가 돌려진 쪽의 눈 앞으로 뻗치고 다른 팔은 구부린다.	4개월	아기들이 수의적인 뻗기를 준비하도록 하는 것일 수 있다.
걷기반사	아기의 팔 아래쪽을 잡고 맨발이 평평한 바닥에 닿도록 한다.	한 발을 들어 올린 후에 다른 발을 번갈아 들어 올린다.	빨리 체중이 증가한 아기들에게는 2개월, 가벼운 아기들에게는 지속된다.	아기가 수의적으로 걷도록 준비시킨다.
바빈스키	발바닥에서 발뒤꿈치 쪽으로 발바닥을 건드린다.	발가락을 벌리고 발을 비틀면서 오므린다.	8~12개월	알려져 있지 않다.

출처 : Knoblock & Pasamanick, 1974: Prechtl & Beintema, 1965: Thelen, Fisher, & Ridley-Johnson, 1984.

모유 수유를 해야하는 이유

●아기에게 유익한 점

- 무균적, 온도조절이 필요없고 언제든지 쉽게 먹일 수 있다.

- 자연적인 영양물로 어느 우유보다 영양면에서 우수하다.

- 모유는 IgA와 같은 항세균성, 항바이러스성 성분을 가지고 있으며 모유에 든 철분은 아기의 몸 속에 쉽게 흡수되어 아기가 6개월이 될 때까지 다른 영양분을 공급할 필요가 없다.

- 모유 수유 아기는 지방에 비해 근육의 백분율이 높아 과체중과 비만을 방지하는데 도움이 된다.

- 어머니로부터 항체들과 그 외의 감염에 대한 저항인자들이 이전되어 면역체계의 기능을 향상시켜 알레르기 반응이 적고 호흡기와 내장기관 질병이 적은 편이다. 또한 염증에 대한 저항효과를 가지고 있어서 심각한 질병증상을 감소시켜준다.

- 인공적인 젖꼭지를 빠는 대신 엄마의 젖꼭지를 빨게 됨으로써, 부정교합을 방지하는데 도움이 되며 우유병으로 인해 단 액체가 입 안에 남아 있는 것을 방지하여 충치를 예방한다.

- 모유 수유 아기들은 내장에서 다른 종류의 박테리아가 자라게 됨으로써 변비나 혹은 다른 위장문제를 일으키지 않는다.

- 우유병 수유 영아들에 비해 새로운 고형식을 쉽게 받아들인다. 이는 어머니의 식사로부터 모유로 전해지는 다양한 맛을 보다 잘 경험했기 때문인 것으로 보인다.

●산모에게 유익한 점

- 옥시토신을 증가시켜서 자궁수축을 도와 산후출혈을 줄인다.

- 수유에 의한 무월경으로 출산 후 월경에 의한 실혈을 적게한다.

- 수유모는 임신 전 체중으로 빨리 회복한다.

- 배란이 늦게 옴으로써 다음 임신을 늦춘다.

- 산후 뼈의 재골화를 촉진시킨다.

- 난소암, 유방암의 위험성을 감소시킨다.

●모유 수유시 주의할 점

- 술과 담배를 피한다.

- 커피와 자극성 있는 카페인 음료를 마시지 않는다. 커피를 마시고 수유하게 되면 아기가 흥분상태에 있어 잠을 안자고 계속 보채게 된다.

- 자두, 살구, 오렌지처럼 신 과일을 과식하거나 맵고 짠 음식의 섭취는 아기의 변을 묽게 할 수 있다.

- 출산 후 3~4일이 되도록 변을 보지 못하면 변비약을 복용하는 경우가 있는데 이때 복용 후 24시간 이내의 젖은 아기의 변에도 영향을 줄 수 있으므로 주의해야 한다.

이유식의 준비

●이유식의 시기

아기가 6개월 정도 되면 아기 체내에 저장되었던 철분이 거의 다 사용되어 모유나 우유에 있는 철분만으로는 부족하기 쉽다. 또한 젖 외에 다양한 음식의 맛을 익히게 하기 위해서도 이유식을 시작하도록 한다. 이 시기에는 음식을 밀어내지 않고 삼킬 수 있는 능력이 생겨 나므로 젖꼭지를 빨게하는 방법 외에 숟가락으로 떠먹일 수 있기 때문에 이유식을 시작하기 수월하다.

●이유식 섭취요령

• 이유식은 단계에 맞게 꾸준히 규칙적으로 준비하여 먹인다.

• 반드시 같은 장소에서 먹고 돌아다니며 먹지 않도록 한다.

• 육류,채소류,해조류,두부류 등 신선한 식품을 골고루 이용하고 다양한 조리법으로 편식을 예방한다.

• 후기 단계에 어른들의 음식을 맛보게 되면 이유식이 맛이 없게 느껴지므로 아기용 치즈나 조미되지 않은 김가루 등을 섞어서 약간의 조미를 해준다.

• 만 7개월 이후부터는 하루에 1~2차례 간식을 주어 폭식 습관을 예방한다.

• 아기를 달랠 목적으로 젖을 물리거나 간식을 주지 않는다.

• 식재료는 충분히 익혀 주어 씹는 연습을 유도하면 소화기관과 두뇌발달에 도움을 준다.

●이유시 주의할 점

- 꿀은 식중독의 우려가 있으므로 생후 1년 이전에는 먹이지 않도록 한다.

- 설탕과 소금을 과다하게 섭취하지 않도록 한다.

- 생우유에는 모유에 비해 3배 이상의 단백질과 많은 양의 무기질이 들어있어 아기의 신장에 부담을 준다. 특히 저지방 우유나 탈지유에는 이보다 더 많은 단백질과 무기질이 있으므로 생후 2년이 지난 후에 먹인다.

- 과즙을 줄 경우 젖병보다는 컵을 사용하여 젖병 충치를 예방하고 사과나 배 등 과일주스를 많은 양 섭취하면 설사를 일으킬 수 있으므로 주의한다.

- 가족 중에 어떤 특정한 식품에 대해 알레르기 반응이 있다면 생후 1년 이내에는 주지 않도록 한다.

- 어느정도 딱딱한 음식은 익혀서 먹이도록 하고 크기가 큰 것은 질식의 우려가 있으므로 갈아서 먹인다.

이유식의 진행 단계

●이유 초기(4~5개월)

- 스프처럼 묽게 조리하여 먹이는 시기
- 반 고형식의 연습시기로 유량은 감량하지 않으며 숟가락이나 컵 등으로 마시고 삼키는 습관을 들이는 것이 목적이다.
- 초기에는 곡류로 시작하는데 이는 철분이 풍부하며 소화가 쉽고 알레르기 발생의 빈도가 낮기 때문이다.
- 식품 – 소화가 잘되는 곡물(쌀,찹쌀,현미 등)
  - 익히면 간단히 으깨지는 채소(감자,단호박,당근 등)
  - 과일, 달걀 노른자, 두부
- 죽의 경우 조리후 체에 밭치거나 분마기로 갈아주어 밥알갱이나 재료의 덩어리가 없게 완전히 퍼지도록 한다.
- 섭취량 : 하루 1회 한스푼으로 시작해서 서서히 양을 늘려 50~80cc섭취
- 식단 : 쌀미음, 고구마 미음, 단호박 미음, 사과 미음 등

●이유 중기(6~9개월)

- 음식의 맛과 질감을 익히는 시기
- 치아가 나기 시작하는 시기이므로 반 고형식으로 으깬 음식이나 잘게 저민 음식을 준다.
- 두세가지 재료를 섞은 음식을 숟가락으로 집어 부서질 정도 상태로 조리하여 준다.
- 식품 – 묽은 죽, 으깬 채소, 으깬 생선, 갈은 쇠고기, 갈은 닭고기, 반고형체 치즈, 두유 이용
  - 달걀 노른자는 5개월, 흰자는 8개월 부터 사용한다.
- 섭취량 : 1회 80~150g을 하루에 2번 섭취
- 식단 : 야채죽, 두부 으깸죽, 흰살 생선죽, 쇠고기 버섯죽, 치즈닭가슴살 죽 등

● 이유 후기(9~11개월) 및 완료기(12~15개월)

- 잇몸으로 씹어 스스로 먹기위한 훈련을 하는 시기
- 이유식을 많이 먹게되면 식후 우유량이 줄거나 거의 먹지 않을 때도 있다.
- 영양 전체가 유즙에서 이유식으로 바뀐다
- 아기가 스스로 먹고싶어하면 숟가락을 쥐어주어 먹게한다.
- 얇게 썰어 아기가 잇몸으로 씹을 수 있을 정도로 조리한다.
- 섭취량 : 120~170cc로 하루에 3회로 이유식을 늘려서 섭취
- 식단 : 죽, 진밥, 빵푸딩, 프렌치토스트, 채소달걀말이, 국수,
  　　　잣죽, 다진 쇠고기죽, 채소죽, 치즈라이스, 가자미찜,
  　　　장국죽, 닭고기덮밥, 달걀두부전

- 이유 종료기에는 하루 3회 연식의 형태로 성인과 유사한 식품을 섭취하며 이 시기에 보통 모유는 중단하나 400ml정도의 우유는 병행해서 섭취한다.

우는 아기 달래는 법

●아기를 안고 흔들거나 걷기

이 방법은 신체접촉, 곧추세운 자세, 그리고 움직임을 함께 제공한다. 이것은 어린 아기가 조용하게 각성되도록 하는 가장 효과적인 달래기 기술이다.

●포대기로 싸기

움직임을 제한하고 따뜻함을 증가시키는 것은 어린 아기를 잘 달래준다.

●고무젖꼭지 주기

젖을 빠는 것은 어린 아기 스스로 각성 수준을 조절하도록 도와준다. 설탕이 묻혀진 고무 젖꼭지를 빠는 것은 괴로움을 줄여주고 우는 아기를 진정시킨다.

●부드럽게 말하거나 리듬있는 소리 내기

시계가 째깍째깍 움직이는 소리, 선풍기가 돌아가는 소리, 또는 조용한 음악처럼 지속적이며 단조롭고 리듬이 있는 소리는 간헐적으로 끈기는 소리보다 더 효과적이다.

●리듬있는 작은 움직임

짧은 시간 차를 태우거나 유모차에 태워 걷는다든지, 요람에 아기를 눕히고 흔드는 등 부드럽고 리듬이 있는 움직임은 아기를 달래서 재우는데 도움이 된다.

●아기를 어루만져주기

지속적으로 부드럽게 아기의 몸과 팔다리를 어루만져 주거나 어머니가 가슴에 안고 등을 반복적인 리듬으로 토닥여 주면 아기는 근육을 이완시켜 긴장을 풀며 안정을 찾게된다.

이 목록에 있는 몇가지 방법들을 같이 적용하여 여러 감각을 동시에 자극하는것은 하나의 감각을 자극하는 것보다 더 효과적이다. 아기를 안고 등을 토닥이며 낮은 음으로 자장가를 부르는 방법이 그 예이다.

만약 이런 방법들이 효과가 없다면 잠시동안 아기가 울도록 그대로 두는 것이 더 좋을 때가 있다. 그러면 아기는 몇분후 잠들게 된다.

아기는 울음으로 자신의 의사를 표현하기 때문에 우는 이유를 먼저 파악해야 한다. 가장 먼저 기저귀를 확인하고 이상이 없다면 배가 고파서 우는것은 아닌지 보아야 한다. 대부분은 배변과 배고픔이 원인으로 이 문제가 해결되면 울음을 그치지만 그렇지 않고 울음이 계속된다면 다른 원인을 찾아야 한다. 아기가 계속해서 우는것은 반드시 원인이 있으므로 불편하거나 아픈 곳이 있는지 세심하게 살펴야 한다.

출처 : Blass, 1999: Campos, 1989: Lester, 1985: Reisman, 1987.

기저귀 관리

●기저귀의 준비

아기피부를 생각하여 흡수력이 좋은 기저귀를 선택한다. 생후 3개월 전까지는 보통 하루에 3~4회 정도의 대변과 10~13회 정도의 소변을 보다가 이유식을 시작하면 소변 양은 많지만 횟수는 줄어들고 대변횟수도 1~2회 정도로 줄어든다.

종이 기저귀는 소변을 2~3회 볼 때까지 갈지 않아도 되지만 천 기저귀는 대소변을 볼 때마다 즉시 갈아야 하므로 하루평균 10~15장에다 예비용을 포함해 25~30장 정도 준비하는 것이 좋다. 그러나 외출할 때나 잠을 잘 때에는 종이 기저귀를 채우는 등 천 기저귀와 종이 기저귀를 함께 사용하므로 20장 정도만 준비해도 충분하다.

●천 기저귀의 관리

- 천 기저귀 만드는 방법
  기저귀감으로 소창이나 100% 면, 가제 천을 120cm 길이로 잘라 양쪽 끝을 마감하고 삶아서 햇볕에 2~3번 정도 말린다.
- 천 기저귀 세탁법
  - 소변용과 대변용 2개의 통을 준비해서 넣고, 대변 기저귀가 나오면 대변을 솔로 변기에 털어버린 후 애벌빨래를 하여 대변용 통에 넣어 놓는다.
  - 젖은 기저귀는 모아두었다가 하루에 1~2회 세탁한다.
  - 소변 기저귀를 물에 오래 담가 놓으면 세균을 기하급수적으로 증가시켜 발진이나 엉덩이 짓무름의 원인이 될 수 있으므로 5시간 이상 담가두지 않도록 한다.
- 손빨래를 한 후 삶는 것이 가장 안전한 방법이지만 매번 삶기 어렵다면 깨끗이 행군 후 직사광선에 바싹 말린다. 햇볕 건조가 어렵다면 다림질을 하는 방법도 있다.

●종이 기저귀의 선택

- 키가 크고 마른 아기 – 밑 위 길이가 짧으면 밴드 부분이 허벅지에 닿으므로 전체 길이가 긴 것을 고른다. 테이프를 아래에서 붙여 허벅지 부분이 조여지도록 채워준다.
- 키가 크고 통통한 아기 – 길이, 너비 모두 큰 것으로 허리 부분이 잘 늘어나고 넉넉하게 파인 큰 사이즈를 고른다.
- 배가 많이 나온 아기 – 허리와 등 부분에 주름이 잡혀 있어 통통한 배에 무리가 가지 않도록 탄력이 좋은 제품을 고른다.
- 허벅지가 통통한 아기 – 밑 위 길이가 길고 옆 주름처리가 잘 되어있는 것으로 테이프를 위에서 아래로 붙여 허벅지 부분에 여유가 생기도록 채워준다.

●기저귀 발진이란?

기저귀를 제때 갈아주지 않으면 아기의 대소변에서 생기는 암모니아가 아기의 엉덩이에 잔류하게 되며 연약한 아기 피부를 자극하여 항문이나 생식기 주위에 발진이 일어나게된다. 이는 아기의 정서 안정과 두뇌 발달에 좋지 않으므로 기저귀를 자주 갈아주고 천 귀저귀를 사용할 때는 햇볕에 말려 소독해 세균감염을 막는다. 특히 수유 전·후에 기저귀 상태를 체크하여 쾌적한 환경에 있을 수 있도록 배려한다.

●기저귀 발진을 예방하는 방법

- 아기가 대·소변을 보자마자 바로 기저귀를 바로 갈아준다.
- 배변 후에는 따끈한 물로 항문 주변과 살이 접히는 부분을 깨끗이 씻어주되 비누는 되도록 사용하지 않는다.
- 씻은 후 물기가 남지 않도록 마른 수건으로 닦고 10분 정도 그대로 두어 보송하게 말려준다.
- 아기의 위생을 위해서는 어머니의 청결이 우선되므로 손을 자주 닦고 손톱을 잘라 짧게 유지하여 아기 몸에 상처를 내지 않도록 주의한다.

소아의 대근육과 소근육 운동 발달

1개월
- 턱을 들 수 있다.

2개월
- 가슴을 들 수 있다.
- 엎드려서 팔에 의지하여 몸을 들어올린다.

3개월
- 물체를 주면 손을 뻗치나 잡지 못한다.

4개월
- 목을 가눈다.
- 받쳐주면 앉는다.
- 딸랑이를 흔들고 응시한다.
- 바로 누웠다가 굴러서 옆으로 눕는다.

5개월
- 물체를 잡는다.
- 옆으로 누웠다가 굴러서 바로 눕는다.

6개월
- 어린이용 의자에 앉을 수 있다.
- 물체를 잡으려고 손을 뻗친다.
- 물체를 주면 이미 잡고 있던 물건을 내버린다.

7개월
- 혼자 앉는다.
- 기어다닐 수 있다.

8개월
- 받쳐주면 선다.
- 엄지손가락을 이용해 작은 물체를 잡는다.

| 9개월 | • 붙잡고 선다.
• 손뼉을 마주칠 수 있다. |

| 10개월 | • 잘 기어다닌다. |

| 11개월 | • 손을 잡고 이끌어주면 걷는다. |

| 13개월 | • 계단을 기어오른다. |

| 14개월 | • 혼자서 선다.
• 활발하게 낙서할 수 있다. |

| 15개월 | • 혼자서 걷는다. |

| 16개월 | • 손잡이를 잡고 계단을 오르내린다.
• 공을 던질 수 있다.
• 옆으로 또는 뒤로 걷는다. |

| 24개월 | • 달릴 수 있다.
• 혼자 계단을 오르내릴 수 있다.
• 발끝으로 걸을 수 있다. |

출처 : Bayley, 1969. 1993. 2005.

첫 2년간의 언어발달 이정표

●2개월

- 영아들은 듣기 좋은 모음 소리들을 내면서 목울림을 낸다.

●4개월 즈음

- 자음들을 자신들의 목울림 소리들에 더하고 음절들을 반복하면서 옹알이를 한다.
- 7개월에는 옹알이에 구어의 많은 소리들이 포함되기 시작한다.
- 양육자가 손바닥 치기나 까꿍놀이와 같은 교대로 하는 게임을 하는 동안 흥미를 갖고 관찰한다.

●8~12개월

- 영아들은 몇몇 단어들을 이해한다.
- 영아들은 그들이 바라보는 것을 종종 언어적으로 명명하는 양육자와 공동 주의를 하는 데 보다 정확해진다.
- 영아들은 양육자와 역할을 바꿔 가면서 교대로 하기 놀이에 적극적으로 참여한다.
- 다른 이들의 행동에 영향을 미치기 위해서 보여 주기와 가리키기와 같은 전 언어 몸짓들을 사용한다.

●12개월

- 옹알이는 아기가 속한 사회의 언어적 소리와 억양 패턴들을 포함한다.
- 걸음마 유아들은 자신들의 첫 번째로 인정되는 단어를 말한다.

● 18~24개월

- 어휘가 50~200개의 단어들로 급속하게 확장된다.
- 걸음마 유아들은 두 단어를 결합시킬 수 있으며 언어 이해력이 급증한다.

● 초기 언어발달의 지원

전 략	결 과
말소리들과 단어들로 목울림과 옹알이에 반응하기	나중에 첫 단어들이 될 수 있는 소리들을 갖고 실험을 할 수 있도록 촉진한다. 인간 대화의 차례 지키기 형태를 경험할 기회를 제공한다.
공동주의를 하고 아기가 보는 것에 대해서 언급하기	언어의 보다 빠른 개시와 빠른 어휘 발달을 예언한다.
손바닥치기 놀이나 까꿍놀이와 같은 사회적 놀이를 하기	인간 대화의 차례 지키기 형태를 경험할 기회를 제공한다.
공동적인 가장 놀이에 걸음마 유아들을 참여시키기	회화식 문답의 모든 측면을 촉진시킨다.
그림책에 관한 대화에 걸음마 유아들을 참여시키면서 그들에게 자주 책 읽어주기	어휘, 문법, 의사소통 기술들, 성문 기호들과 이야기 구조에 대한 정보를 포함해서 언어의 다양한 측면에 대한 노출을 제공한다.

유아의 시력발달 순서

●출생 후

- 동공은 빛에 반응이 있다.
- 빛 자극을 주면 깜빡인다.
- 각막반사가 나타난다.
- 물건을 보기 위해 초점을 가운데로 모을 수 있다.

●2~4주

- 빛에 응시하며 눈의 초점을 가운데로 모을 수 있다.

●4~12주

- 움직이는 물체에 관심을 가진다.
- 움직이는 물체에 시선을 옮겨가기 위해 머리와 눈을 움직인다.

●12~20주

- 눈에서 60cm 떨어진 곳에 있는 1인치 크기의 물건을 응시할 수 있다.
- 시력은 20/200 정도(0.1)이다.

●20~44주

- 물건의 모양에 대해 조절반사가 나타난다.
- 손과 눈의 협응이 이루어진다.

●44주~12개월

- 간단한 형태를 구별하고 얼굴의 표정을 응시한다.
- 완전한 양안의 시력 기능이 발달한다.
- 약시가 발생할 수 있다.

●12~18개월

- 형태를 구별하고 인지의 발달이 이루어진다.

●18개월~2세

- 시력은 20/40 정도(0.5)이다.

●2~3세

- 작은 물체나 사진의 응시가 가능하다.

●3~5세

- 시력이 좋아지지 않을 경우 약시가 발생할 수 있다.
- 색의 구별이 가능하다.

●6세

- 시력은 20/20 정도(1.0)이다.
- 인지발달이 잘 이루어진다.

영유아의 치아발달과 관리

●뱃속에서 챙기는 아기 치아건강

신생아는 잇몸에 치아가 숨어있을 뿐, 신생아도 치아가 있다고 생각해야한다. 아기의 치아는 임신 6주에 생기기 시작하여 임신 3~6개월이 되면 제법 단단해지는데 이 시기에 산모가 치아 형성에 필요한 영양분을 충분히 공급해 주어야 한다. 태아의 치아 발육을 돕기 위해서는 비타민A와 비타민C,비타민D,단백질과 칼슘, 인을 골고루 섭취하고 칼슘은 2배 정도만 늘리면 충분하다.

●연령별 치아 발달과 기본 관리법

0~6개월

- 치아가 아랫쪽 가운데 앞니부터 올라오기 시작하는 시기
- 물 적신 가제 수건이나 구강티슈를 이용해서 잇몸의 바깥 면과 안쪽 면을 각각 좌우로 닦고 혀의 오돌돌한 돌기도 안쪽에서 바깥쪽으로 쓸어내리 듯 닦아준다.
- 입안에 남은 우유 찌꺼기를 없애고 잇몸 마사지 효과가 있다.

6~12개월

- 생후 6개월 무렵 아래쪽에 2개의 앞니가 나고, 돌 무렵에는 윗니와 아랫니가 각각 4개씩 나기 시작한다.
- 본격적인 치아관리를 시작하는 시기로 물이나 유아용 구강세정제를 이용해 닦아준다.
- 아기가 가제수건에 익숙해지면 실리콘 소재 핑거칫솔로 수유 후나 이유식을 먹인 후 하루 2~3회씩 1분간 고루 닦아준다.

12~24개월

- 앞니를 비롯해 송곳니, 어금니까지 나는 시기
- 어금니가 나기 시작하면 유아용 칫솔로 닦되 처음 칫솔질을 할 때는 치약없이 물로만 닦는다.

- 아이 혼자서는 완벽한 칫솔질이 어렵기 때문에 엄마가 도와준다.

- 두 돌이 지나면 어금니가 나기 시작하는데, 어금니는 많이 사용하지만 평범한 앞니에 비해 씹는 면이 흠이 많아서 깨끗하게 닦기 어렵고, 음식물이 잘 끼므로 충치가 생기기 쉽다.
  식사 후 바로 양치하는 습관을 들이는 등 치아 관리에 신경을 쓰고 씹는면, 안쪽 면을 골고루 닦아준다.

- 생후 30개월이 지나면 젖니 20개가 모두 난다. 아이 스스로 칫솔질을 하도록 하되, 엄마가 자기 전에 다시 한번 꼼꼼하게 닦아주는 것이 좋다.

●치아 건강을 위한 수칙

- 젖을 먹인 후 거즈나 젖은 수건으로 아이의 잇몸을 닦아준다.
- 너무 오래 젓을 먹이지 않고, 젖병을 물고 자지 않도록 한다.
- 밤중에 수유를 하더라도 수유를 마친 후 생수를 먹여 어느정도 입안을 헹궈내면 치아 우식증이나 충치를 예방할 수 있다.
- 아기는 치약대신 1%의 죽염수를 거즈에 묻혀 닦으면 입안 세균을 없애는데 좋고 삼켜도 문제가 생기지 않는다.
- 첫 번째 이가 난 후에는 6개월 안에 치과를 방문하여 불소치료를 미리하면 훗날 충치로 인한 큰 치료를 막을 수 있다.
- 한 살이 지나면 컵으로 음료를 마시는 법을 가르친다.
- 어른이 입속에 음식을 넣었다가 아기 입에 넣어주는 입 접촉은 충치 전염의 위험이 크므로 삼가한다.
- 만약 이가 부러졌다면 더러운 부분을 가볍게 씻어내고 가능하다면 부러진 자리에 치아를 밀어넣고 병원을 방문한다.
  치아를 제자리에 두지 못하는 상황에는 차가운 우유나 생리식염수에 넣고 최대한 빨리 병원을 찾아간다.
- 양치할 때 아이에게 즐거운 기분을 가질 수 있도록 하여 양치하는 일을 재미있는 놀이로 인식시켜준다.

연령에 맞는 놀이활동

●영아기의 놀이활동

월령	시 각	청 각	촉 각	운 동
출생 ~ 1개월	• 영아의 얼굴에서 20~25cm 거리에 물건을 두기 • 흑백의 모빌	• 엄마의 목소리로 말을 건네고 음악을 들려주기	• 안아주고 따뜻하게 해주기	• 요람에 태워서 흔들어 주거나 어르기
2~3 개월	• 주변의 환경을 볼 수 있도록 해주기	• 딸랑이나 태엽 장난감을 이용해서 놀아주기	• 가볍게 맛사지 해주기 • 빗으로 머리를 빗겨주기	• 팔,다리를 움직이는 운동
4~6 개월	• 거울을 보여주기	• 크게 소리내어 웃어주기 • 이름을 자주 불러주기	• 다양한 질감의 장난감을 가지고 놀기	• 그네나 유모차 타기 • 뒤집기
6~9 개월	• 까꿍놀이 • 흉내내기 놀이	• 사물의 이름을 말해주기	• 다양한 질감의 장난감을 가지고 놀기	• 일어서서 체중을 감당하기
9~12 개월	• 다양한 그림의 책을 보여주기	• 간단한 동화를 읽어주기	• 다양한 음식들을 접하기	• 끌고다닐 수 있는 장난감을 갖고 놀기

●연령에 맞는 놀잇감

생후 0~12개월

아직 몸은 자유롭게 움직일 수 없고 교구 활용 능력도 부족한 이 시기에는 혼자 가지고 놀기 좋은 장난감을 골라 주는 게 좋다. 오감을 자극하는 장난감으로 천연물질로 만든 것을 사용하고 작은 조각이나 부품이 달린 것은 피한다.

• 0~2개월 : 가벼운 딸랑이, 뮤직박스, 흑백 또는 원색의 모빌

- 2~3개월 : 별다른 힘을 주지 않아도 움직이는 장난감, 딸랑이, 오뚝이 등
- 3~6개월 : 근육을 적절하게 사용할 수 있는 촉각놀이, 치발기, 부드러운 면을 사용하여 만든 공
- 7~9개월 : 혼자서 놀수 있는 장난감, 컬러공, 링쌓기 놀잇감
- 10~12개월 : 색조의 대비가 강하고 다양한 면과 도형을 인지할 수 있는 블록

13~24개월

움직임이 많은 시기이므로 적당히 몸을 움직이면서 놀 수 있는 놀잇감이 좋다. 다양한 놀이 경험을 쌓기위해 단순히 가지고 노는 것에서 발전해 색깔 놀이, 통에 넣기 등 다양한 방법을 활용하는 것이 좋다.

- 초보적 조작놀잇감이나 모양맞추기, 도형장난감, 흔들말, 교육완구 등

25~36개월

손동작이 정교해지는 시기이므로 퍼즐, 스티커, 도미노 등을 할 수 있게 된다. 이 시기에는 미술활동도 많이 하고 또래 친구를 부쩍 찾게 되므로 친구들과 어울릴 수 있는 놀잇감들이 좋다.

- 2세 : 소꼽놀이, 자석판, 셈놀이판, 실로폰, 길찾기, 모양꽂이
- 2세 6개월 이후 : 발이 땅에 닿고 의자가 파인 자전거

37개월 이상

이 무렵에는 대개 어린이집이나 유치원을 다니게 되므로 사회성을 길러주는 장난감이 좋다. 이 때 아이들은 놀이도구를 통해 규칙이나 함께 하는 방법을 배우게 된다. 활동이 커지므로 견고함과 안전성을 최우선으로 고려해야 한다.

- 3세 : 병원놀이, 도형놀이, 고리던지기, 아기농구대, 바느질놀이
- 4세 : 공구세트, 어린이용 카세트, 구슬꿰기, 노래교실, 퍼즐
- 5세 : 교육적인 효과가 있는 놀잇감, 보조바퀴가 달린 두발자전거, 퍼즐, 농구공, 블록자동차, 주사위놀이, 낱말학습기

참고문헌

· 조복희(2006). 아동발달.

· Laura E. Berk(2009). 생애발달.

· David R. Shaffer(2008). 사회성격발달.